Argo剖面数据在远洋金枪鱼渔业中的应用

张胜茂　杨胜龙　著

海洋出版社

2014年·北京

图书在版编目(CIP)数据

Argo剖面数据在远洋金枪鱼渔业中的应用 / 张胜茂,
杨胜龙著. —北京:海洋出版社, 2014.2
　ISBN 978-7-5027-8664-9

　Ⅰ. ①A… Ⅱ. ①张… ②杨… Ⅲ. ①海洋监测－应用
－金枪鱼－远洋渔业－海洋捕捞 Ⅳ. ①S977

　中国版本图书馆CIP数据核字(2013)第228171号

责任编辑：苏　勤
责任印制：赵麟苏

海洋出版社 出版发行
http://www.oceanpress.com.cn
北京市海淀区大慧寺路 8 号　　邮编：100081
北京旺都印务有限公司印刷　　新华书店北京发行所经销
2014年2月第1版　　2014年2月第1次印刷
开本：889mm×1194mm　　1／16　　印张：8.25
字数：220千字　　定价：68.00 元
发行部：62132549　　邮购部：68038093　　总编室：62114335
海洋版图书印、装错误可随时退换

前　言

远洋性鱼类，尤其是金枪鱼，都有昼夜垂直移动的习性，如大眼金枪鱼白天会俯冲下潜至海表以下400~500m的水深觅食，夜间游到0~100m的暖水层。金枪鱼这种高速移动，尤其是垂直方向的远涉会降低金枪鱼捕捞努力量和海表温度（SST）关系，使得金枪鱼延绳钓单位捕捞努力量渔获量（CPUE）和次表层的水温以及水温垂直结构关系更密切。金枪鱼的栖息水层，在很大程度上取决于水温的垂直结构，而温跃层像一道天然屏障，影响着鱼类的上下移动和生活习性。

遥感卫星能提供大面积、高精度、实时的海洋表层环境资料，因而被广泛地应用在远洋渔业资源和中心渔场分布与海洋环境关系，以及生态环境习性选择等方面的研究中。但金枪鱼习性选择主要受次表层环境的影响。海洋主要环境因子（温度、盐度等）在不同的水层分布是不同的，延绳钓金枪鱼是在不同深度水层捕获，因此有必要大面积综合分析表层以下各水层海洋环境因子和温跃层对金枪鱼水平空间分布和垂直深度分布（空间—垂直分布）的影响，了解金枪鱼适宜的空间分布范围，在三维空间下了解其垂直栖息环境习性。

国际Argo计划历时7年，实现了其最初目标，建成3000个浮标组成的Argo，规模和覆盖面遍及全球，每年获得10万个剖面（0~2000m水深的海水温度、盐度和溶解氧）观察资料，为我们估算海洋中尺度活动过程提供了可能。Argo剖面浮标数据让我们能够从次表层海水温度对鱼类活动影响的角度出发，采用Argo浮标数据获取和分析海表以下渔场环境特征，应用于渔业资源分析。从海洋环境对鱼类活动影响的角度出发，将鱼类活动规律对环境要素的依赖性，以及利用其生理承受极限与Argo浮标海洋环境观测要素结合起来，进行学科交叉研究、探索。作为以遥感数据为基础进行研究的补充，采用Argo浮标数据获取和分析海表以下渔场环境。

近年来，本书作者及其相关科研人员开展了国际Argo浮标数据下载、NetCDF格式的原始数据文件结构分析和读取、Argo数据库构建与存储、Argo剖面浮标数据时间与空间分布特征分析、次表层环境产品数据的制作等工作。采用Argo数据结合金枪鱼捕捞生产数据，开展了中西太平洋鲣鱼渔场时空分布和水温垂直结构分布关系分析；分析了印度洋大眼金枪鱼和黄鳍金枪鱼渔场水温垂直结构和温跃层特征参数的季节变化特征；对热带印度洋大眼金枪鱼和黄鳍金枪鱼渔场时空分布与温跃层关系做了初步分析；对热带印度洋大眼金枪鱼和黄鳍金枪鱼垂直分布进行了空间分析。在上述研究基础上，在国内外期刊中总共发表学术论文近20篇，申请到课题多项，获得软件著作权4项。

本书首先对Argo剖面浮标数据存储格式、下载和读取方法进行了介绍，然后介绍了Argo数据的数据挖掘和计算方法，最后重点介绍了Argo数据在金枪鱼渔业资源研究中的案例应用。本书小部分内容来自于国际Argo浮标资料中心和中国Argo实时数据中心，大部分内容是作者几年来的科研工作和研究成果。

本书研究工作的完成得益于国家863高技术研究发展计划项目（2007AA092202）；国家科技支撑计划课题（2013BAD13B01，2013BAD13B06）；中央级公益性科研院所基本科研业务费专项(2009T08，2011T10)；华东师范大学地理信息科学教育部重点实验室开放研究基金资助项目(KLGIS2011A07)；上海市科技创新行动计划课题（12231203901）的大力资助，同时感谢中国Argo实时资料中心提供的Argo剖面浮标资料和国际Argo计划免费提供的数据，谨在此一并致谢！

由于作者学识有限及经验不足，书中难免会有认识不到或疏漏之处，恳请广大读者批评指正。

作者

2013年6月 于上海

CONTENTS 目次

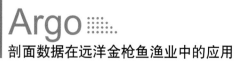

剖面数据在远洋金枪鱼渔业中的应用

第1章　绪论

1.1　Argo概况

Argo是英文"Array for Real-time Geostrophic Oceanography"（地转海洋学实时观测阵）的缩写。它是"全球海洋观测业务系统计划（GOOS）"中的一个针对深海区温、盐结构观测的子计划。该计划于1998年由美国、日本等国家的大气、海洋科学家发起并制定，2000年底正式启动。该计划设想在全球大洋中每隔3个经纬度布放一个卫星跟踪浮标，组成一个庞大的Argo全球海洋观测网，旨在快速、准确、大范围收集全球海洋上层的海水温、盐度剖面资料，以提高气候预报的精度，有效防御全球日益严重的气候灾害（如飓风、龙卷风、冰暴、洪水和干旱等）给人类带来的威胁。国际Argo计划历时7年，实现了其最初目标，建成了3 000个浮标组成的Argo（图1-1）观测网，规模和覆盖面遍及全球，每年获得10万个剖面（0～2 000m水深）观察资料。多年来，由美国、澳大利亚等30多个沿海国家布放的约8 500个Argo浮标所组成的全球Argo实时海洋观测网，首次实现了真正意义上的对全球海洋上层温度、盐度和海流的实时观测。我国于2001年加入国际Argo计划，截至2012年11月6日，我国共计投放146个Argo浮标，获得剖面8 928条，目前正在工作的浮标有85个（中国Argo实时资料中心，2012）。正如卫星的出现使海洋表面的观测方式产生了革命性的变革一样，Argo计划的诞生改变了人们对海洋内部的监测手段和方式，使得人们早先几乎无法获取的数据，在今天却可以轻而易举地得到。

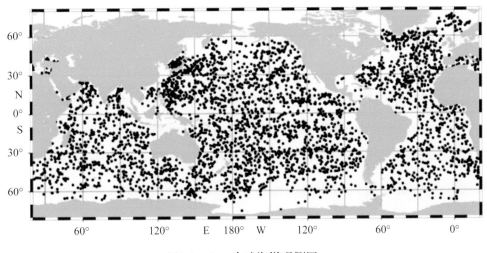

图1-1　Argo全球海洋观测网

Argo观测网是迄今为止人类历史上第一个提供全球海洋次表层信息的观测系统。在Argo计划之前，人们只能通过海洋调查船或者锚碇浮标观测海洋次表层的温盐度信息。2012年11月，国际Argo计划已经获取了第100万条剖面数据，这一数字是20世纪获取各类剖面数据总和的2倍。现在Argo观测网每年可以获取约12万条剖面数据。Argo常年在全球范围内取样。目前，南半球的观测比北半球的少一些，冬季比夏季少一些。未来，在维持现有Argo观测内容的基础上，新的Argo浮标将观测范围扩大到2 000m深甚至海底，还有一些Argo浮标将安装生物地球化学等新的传感器。通过观测海洋的温盐度信息，Argo可以记录热含量和净淡水输入（降雨减去蒸发）在某一区域或全球范围内的变化情况。由图1-2可以看出，南、北半球和全球范围内海洋热含量显著的年变化和全球变暖趋势。

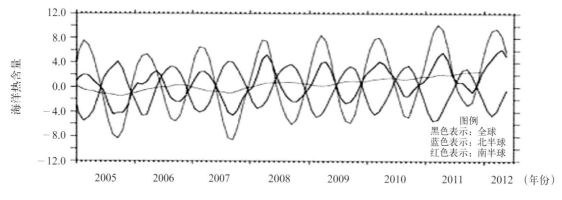

图1-2　南、北半球和全球范围内海洋热含量异常的变化趋势

　　Argo 浮标的工作流程是：当浮标被施放到一定海域后（图 1-3），它会自动从海表面下潜到设定的深度（压力值为 1 000dbar 或 2 000dbar，dbar 是 Argo 组织规定的标准单位）处，随后 Argo 浮标随着海流保持漂流状态，一般每隔 10 天左右，Argo 浮标会自动上浮，并在上浮的过程中利用自身携带的传感器进行连续的、不同深度的海水剖面环境参数测量。所谓剖面测量是指对不同深度的海水行进路线的测量，当 Argo 浮标到达海面以后，通过 Argo 卫星把海洋剖面环境数据发送到地面卫星接收站（图 1-4），最后传到各个国家的数据中心。

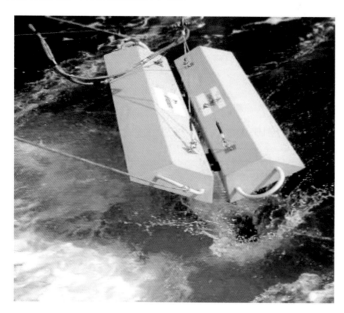

图1-3　Argo浮标投放

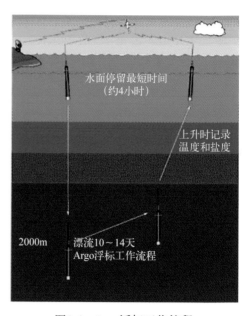

图1-4　Argo浮标工作流程

　　Argo剖面浮标数据提供4种次表层海洋环境因子，分别是海表以下压力值（深度）、海水温度、盐度和溶解氧。在2012年11月4日，由印度布放的编号为"2901287"的Argo浮标，收集到具有里程

碑意义的第100万条观测剖面数据，标志着包括中国在内的由世界多个沿海国家共同参与的大型海洋国际合作计划进入了一个新的发展阶段。Argo数据资料有效地补充了地球观测卫星所无法获取的0～2 000m海洋次表层信息，提供给各国科学家免费共享，已成为科学界研究海洋气候模式的重要数据来源，对于了解全球水循环变化和开展季节气候预报具有十分重要的意义，有助于更为准确地预测飓风等极端天气事件，提高人类防灾抗灾能力（中国Argo实时资料中心，2012）。

1.2　Argo数据研究应用现状

随着全球海洋中Argo浮标数量的不断增加，各沿海国的海洋和大气科学家们已经在广泛的领域开展了Argo资料的应用研究工作，并取得了一大批应用研究成果。当前针对Argo数据的应用研究主要有：利用Argo数据，提高海温初始场的精度，从而提高海温数值预报水平；利用Argo资料估算大洋表层流和中层流的方向和大小，即在大洋环流模式研究中的应用；将Argo数据引入常规数据同化的数据模式中，以丰富资料源，并提高海洋和天气预报的精度；利用同化后的Argo资料改进海洋及短期气候预报模式的预测能力（何亚文等，2008）。

1.3　渔业应用意义

金枪鱼白天觅食时会快速下潜到温跃层以下，次表层环境会直接影响金枪鱼白天索饵时的垂直分布，间接影响延绳钓投钩的深度。通过金枪鱼游动习性和环境生境利用（habitat utilization），由次表层海洋环境反演金枪鱼适宜的空间—垂直分布区间，能够指导渔船针对性捕捞。准确估算海洋中尺度活动，不仅能显著提高我们预测海洋活动过程对气候影响的能力，还能辅助定位中心渔场的位置，减少兼捕，保护渔业资源。遥感资料仅限于海洋表层，船载调查数据又受限于时空覆盖的精度，WOA产品数据再分析有累积误差。观测网计划的建立，提供了高精度大面积覆盖的三维环境数据库，为应用于渔业资源分析提供了可能。采用Argo数据构建海洋次表层中尺度环境结构场分析延绳钓金枪鱼渔业资源分布具有重要的理论意义和实际应用价值。

海洋变量在不同的水层分布不同，而延绳钓金枪鱼由不同深度水层捕获。以往的研究多采用遥感表层数据分析渔业资源空间分布，然而近年少量研究文献和笔者的工作证实，金枪鱼空间—垂直分布主要受次表层环境因子影响。从学术角度看，远洋渔业学科有必要综合分析表层以下各水层海洋环境因子对金枪鱼空间—垂直分布的影响机理，得出影响金枪鱼空间—垂直分布的关键环境参数的空间分布、季节变化特征和对金枪鱼渔业资源分布影响机制。采用Argo数据构建海洋次表层中尺度环境结构场分析延绳钓金枪鱼空间—垂直分布，对拓展远洋渔业资源学科发展具有较高的学术价值。

第2章 Argo数据基本情况

Argo剖面探测浮标是能自动沉浮以获得海洋水文要素的剖面沿海流轨迹分布的漂流浮标。Argo计划组织管理和维护分布在大洋上的3 000多个浮标集，是一个长期可操作的管理网络。Argo数据是基于NetCDF的格式，是一种被用户广泛接受的数据格式。具有自我描述、数据交换方便、可靠、高效的特点，很多软件支持这种格式。

典型的Argo浮标周期约为3年或者更长。它不停地执行周期式的测量。每个周期持续10天，可以分为以下4个阶段：

- 从表面下降到固定的压强（如：1 500dbar）
- 在固定的压强下所在的大洋深度表面移动（如：10天）
- 从设定的压强深度上升到大洋表面（设置的深度压力值如：2 000dbar）
- 在大洋表面漂移，把漂移的位置和检测的数据传输到通信卫星（如：8小时）

检测的海洋环境参数（比如：压强、温度、盐度）在浮标上升（偶尔下降）时测量。次表层悬浮漂移时有时进行测量（如：每隔12小时），如此反复，Argo浮标不间断地循环测量，如图2-1所示。

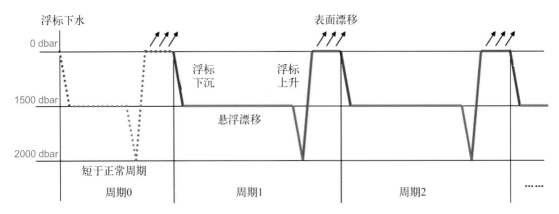

图2-1　Argo浮标周期

Argo浮标漂流的周期计数通常从1开始，下一次循环就将数字往上增加（比如：2,3…,N）。在第一个周期之前，一些浮标发送本身的配置信息。周期0包含了第一次表面移动的数据和技术数据，数据包含在技术文件中。周期0在上升或下降过程中，有可能包含次表层测量数据，这个周期的时间长度通常比接下来的正常的周期短。后面的周期基本一致，除非浮标在任务期间重新进行了编程设置。

剖面观测资料分为两种类型：一种是经过实时质量控制的；另一种是经过延时质量控制的。

实时模式数据（Real-time mode data）来自于大洋上服务的Argo浮标，Argo浮标在浮出海面后立刻自动进行程序处理与质量控制，之后发送出数据，数据由不同的国家负责检测，用NetCDF格式来保存，在浮标浮出水面后的24小时内，最终数据传递到GTS、PIs和全球数据中心服务器。这些被称为实时数据。

延时模式数据（Delayed mode data）是将实时数据在发向全球数据中心服务器的同时也发给研究人员（PI），这些科学家利用其他的程序来检测数据的质量，这些经过PI检测的数据在6~12个月内发送到全球数据中心，这就是延时模式数据。

对延时数据的调整也可以应用到实时数据中用来为实时用户纠正传感器的偏移。然而，这些实时调整数据也会被延时模式质量控制器重新计算。

通过全球Argo数据中心网站 http://www.argo.ucsd.edu/index.html，能获得各Argo计划成员国布放的，并经过延时质量控制的Argo资料。

2.1　Argo数据中心

在法国海洋开发研究所布雷斯特举办的会议上，数据管理工作组同意由美国GODAE数据服务器（US GODAE Data Server）和法国海洋开发研究所数据服务器（IFREMER Data Server）作为Argo计划的两个官方全球数据中心（GDacs，Global Data Centers）服务器，下文内容中称其为全球数据中心。两个服务器都能够由Dacs自动更新到最新的浮标剖面、轨迹数据、浮标元数据，两个服务器被同步更新以确保两个资料的一致性。

一些国家机构（有些不只是代表一个国家）从通信系统收集到数据，然后将数据初步处理为剖面或轨迹，并把数据发送到全球数据中心，这些机构被称为数据中心（Dacs，Data Centers），各国数据中心和机构代码参见表2-1。

表2-1　数据中心和机构代码

代码	名　称	说　明
AO	AOML, USA	美国
BO	BODC, United Kingdom	英国
CI	Institute of Ocean Sciences, Canada	加拿大海洋科学研究所
CS	CSIRO, Australia	澳大利亚联邦科学与工业研究组织
GE	BSH, Germany	德国
GT	GTS : used for data coming from WMO GTS network	
HZ	CSIO, China Second Institute of Oceanography	国家海洋局第二海洋研究所
IF	Ifremer, France	法国
IN	INCOIS, India	印度
JA	JMA, Japan	日本气象厅
JM	Jamstec, Japan	日本
KM	KMA, Korea	韩国气象厅
KO	KORDI, Korea	韩国海洋研究院

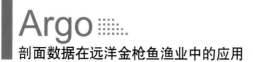

代码	名　　称	说　　明
ME	MEDS, Canada	加拿大
NA	NAVO, USA	美国
NM	NMDIS, China	中国
PM	PMEL, USA	美国
RU	Russia	俄罗斯
SI	SIO, Scripps, USA	美国斯克里普斯
SP	Spain	西班牙
UW	University of Washington, USA	美国华盛顿大学
VL	Far Eastern Regional Hydrometeorological Research Institute of Vladivostock, Russia	俄罗斯符拉迪沃斯托克的远东水文气象研究所
WH	Woods Hole Oceanographic Institution, USA	美国伍兹霍尔海洋研究所

　　各中心把NetCDF作为数据发布的格式，数据中心之间发送也采用这种格式。每个数据中心保证了数据质量与完整性。服务器上采用安全管理机制，每个数据中心负责指定的剖面探测浮标数据，有对浮标的NetCDF文件创建或修改的权限。这样可以让用户能访问一组来源唯一的数据，数据中心也可以实现数据管理的可靠性与冗余性。数据中心的网站服务器运行着大量的工具，支持查询、检索、绘图以及动态比较数据的功能。

　　在Argo数据网络中，全球数据中心与各国数据中心间相互传输数据以获取和共享所有Argo数据。两个全球数据中心之间始终保持同步，以保证它们都存储相同的全球资料。全球数据中心与各国数据中心数据传输共享结果见图2-2。

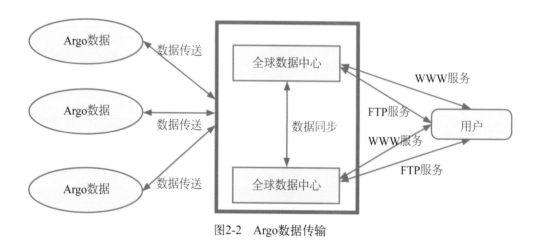

图2-2　Argo数据传输

　　每一个数据中心用它自己的数据管理系统来处理归档数据，它按照Argo计划和QC中所描述的步骤来限制数据。所有的数据中心和全球数据中心间的传输使用"格式定义规范"文件中描述的格式。

按照相应的格式认证，不符合格式的文件将会被拒绝。

所有数据中心在每一次文件新创建时，或一个已有文件需要更新时，立刻反映给两个数据服务器。在一段时间不能连接GDacs时，或者不能够在两台全球数据中心服务器中的一台发布文件时，数据仅需要在两个GDacs间进行交换。

全球数据中心有两个独立的服务器，负责收集与分发全部的Argo数据，两台服务器之间通过一个简单而又可信的方法确保文件始终保持同步，它尽可能地防止或缩短数据服务器停机的时间，能够减轻网络通信压力，提高每个服务器的响应速度。

两台全球数据中心服务器，每天一次，利用各自创建的记录文件比较数据文件的号码和版本，两台全球数据中心服务器都记录了该天的行为，如创建、更新、删除等。

2.2 数据文件与目录结构

2.2.1 全球数据中心的文件系统结构

在全球数据中心的FTP服务器上可以浏览和下载数据。数据分为4种：剖面数据、轨迹数据、浮标元数据、技术数据。

（1）剖面数据

- 存储为NetCDF格式；
- 包含浮标最新的垂直剖面数据和浮标的元数据；
- 命名规则:(floatID)_prof.nc文件包含所有剖面数据；<R/D>(floatID)_xxx<D>.nc文件对应单个的剖面数据；xxx代表循环周期号（例如: 003），文件名开头的R状态代表实时模式（Real-Time），D代表延时模式（Delayed-Mode）。当剖面浮标数据是一个下降过程中记录数据的浮标剖面时，字符D添加到循环周期号中；
- 遵循Argo V2标准的格式；
- 仅能够通过由负责该浮标的数据中心更新。

（2）轨迹数据

- 存储为NetCDF格式；
- 包含历史轨迹，以及浮标生命周期中收集到的表面参数；
- 命名规则，即FloatID_traj.nc；
- 遵循Argo V2标准的格式；
- 作为该浮标的站点数据文件，被存储在同一个文件夹里；
- 仅能够通过由负责该浮标的数据中心更新。

（3）浮标元数据

- 存储为ASCII码格式的文件；
- 包含所有浮标级（float-level）元数据，即浮标的生命周期相当平稳时的数据；

- 遵循命名规则(FloatID)_meta.txt；
- 遵循Argo V2标准的格式；
- 作为该浮标的数据文件存储在同一个文件夹里；
- 只能由负责该浮标的数据中心，给全球数据中心管理员发送邮件来更新。

（4）技术数据

- 存储为NetCDF格式；
- 包含通过浮标运行周期中收集到的技术参数；
- 遵循命名规则(FloatID)_tech.nc；
- 遵循Argo V2标准的格式；
- 作为浮标的站点数据文件存储在同一个文件夹中；
- 仅能够通过由负责该浮标的数据中心更新。

2.2.2 目录结构

所有的Argo浮标数据都可以通过互联网免费下载，各成员国将自己接收的国内Argo数据实时上传到全球数据中心，同时也可以下载其他国家的Argo数据。国内的用户还可以从中国Argo实时资料中心（www.Argo.org.cn）和中国Argo资料中心（www.Argo-cndc.org）获取全球海洋中的Argo浮标资料及相关信息，Argo实时资料中心通过网页、FTP和光盘等形式向用户提供，得到由我国布放的Argo浮标的布放和观测信息、漂移轨迹、剖面观测资料以及各要素分布曲线图等。

用户可以从两个国际Argo数据资料中心下载，分别是法国海洋开发研究院（ftp://ftp.ifremer.fr/ifremer/Argo）和美国全球海洋数据同化实验数据中心(ftp://usgodae1.fnmoc.navy.mil/pub/ou1going/Argo)。两个全球数据中心提供FTP和WWW两种方式访问Argo 数据。WWW服务器将会提供一组便捷和动态操纵工具，US GODAE 和IFREMER提供了一套通用WWW的功能集，但同时也会根据个人选择提供额外的功能。

WWW网址：

- http://www.usgodae.org/Argo
- http://www.Argodatamgt.org

FTP 地址：

- ftp://usgodae1.fnmoc.navy.mil/pub/outgoing/Argo
- ftp://ftp.ifremer.fr/ifremer/Argo

FTP服务器适合用script脚本和程序做数据检索，FTP方式为用户提供了多种数据浏览方式（图2-3），包括按数据中心划分、按大洋区域划分、最近12个月数据划分等。在IE浏览器中打开FTP连接，在首页顶部有6个索引文件，允许用户自动从FTP中进行数据检索。其中，4个包含全球全部Argo数据的文件索引，其他2个中的内容也包含在其中，但其他两个仅包含最近7天的数据，这些文件每天都在国际标准时间0点更新。

FTP 目录 /ifremer/argo/ 位于 ftp.ifremer.fr

转到高层目录

11/08/2012 05:05下午	67,363	ar_greylist.txt
11/17/2012 11:16下午	464,591	ar_index_global_meta.txt
11/17/2012 10:56下午	93,212,953	ar_index_global_prof.txt
11/17/2012 11:18下午	413,583	ar_index_global_tech.txt
11/17/2012 11:13下午	710,757	ar_index_global_traj.txt
11/17/2012 11:16下午	9,368	ar_index_this_week_meta.txt
11/17/2012 10:56下午	503,188	ar_index_this_week_prof.txt
11/05/2012 05:47下午	目录	dac
11/17/2012 11:01下午	目录	etc
06/09/2012 02:41上午	目录	geo
11/18/2012 02:02上午	目录	latest_data
08/26/2008 12:00上午	613	readme_before_using_the_data.txt

图2-3　全球数据中心FTP首页

FTP首页有以下6个索引文件：

- 元数据文件ar_index_global_meta.txt

- 剖面文件ar_index_global_prof.txt

- 技术文件ar_index_global_tech.txt

- 轨迹文件ar_index_global_traj.txt

- 最近7天元数据文件ar_index_this_week_meta.txt

- 最近7天轨迹文件ar_index_this_week_prof.txt

FTP方式为用户提供的多种数据浏览方式目录如图2-4所示，dac是数据中心划分方式，geo是按大洋区域划分方式，latest_data是最近12个月的数据目录。

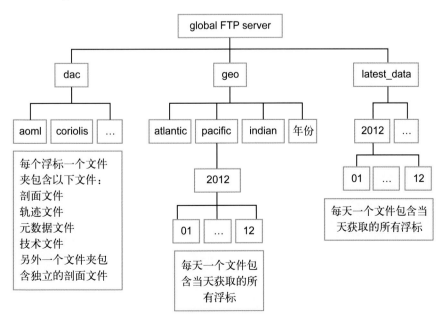

图2-4　全球数据中心数据存储目录结构

9

（1）按大洋区域划分

各大洋区域目录下再按时间（年/月/日）划分目录。大洋的编码在文件目录中使用，在NetCDF文件中不包含这些信息。

图2-5中A所在范围为大西洋区域，I所在范围为印度洋区域，P所在区域为太平洋区域。

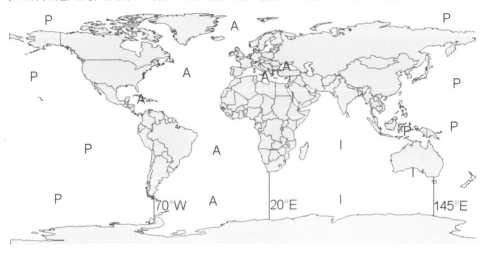

图2-5 大洋区域划分

太平洋与大西洋边界是70°W；太平洋与印度洋边界是145°E；大西洋与印度洋边界是20°E。

这种浏览方式满足用户在某个大洋区域中得到数据的需求。全球数据中心为每一大洋提供一个目录（pacific_ocean、atlantic_ocean、indian_ocean）对应太平洋、大西洋、印度洋。

在每一个目录下，数据都是根据起始剖面按年、月、日组织的，这样可以按时间选择需要的数据（图2-6）。

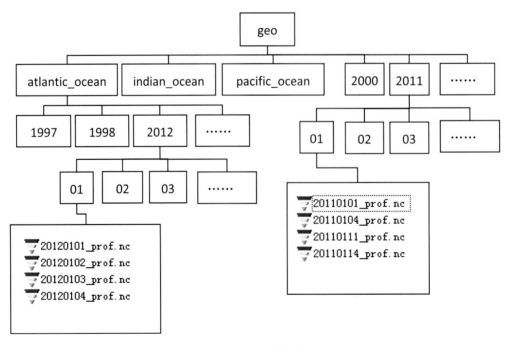

图2-6 按大洋区域划分的目录结构

（2）按数据中心划分

按数据提供者和平台划分，在各数据中心目录下再按浮标编号划分目录（图2-7）。

数据提供者和平台：在前面的内容中，我们已经看到"数据提供者和平台"方式对于dac是非常重要的，它可以确保它们是与GDacs至少在传输的剖面图的列表中是同步的。

在"Profile"目录中为了区别两种类型的数据，在同一棵树上的文件名将会加前缀R或者D。这将会使得只想使用延时数据的人通过FTP得到"D*"的文件名，也允许想要尽可能多的获得数据的人很快得到所有数据。在多媒体文件中，用户将必须测试在文件中的"Data_mode"参数以区分Real-Time 和Delayed mode 剖面。在多媒体文件中，如果delayed-mode剖面存在，它将会代替实时剖面。

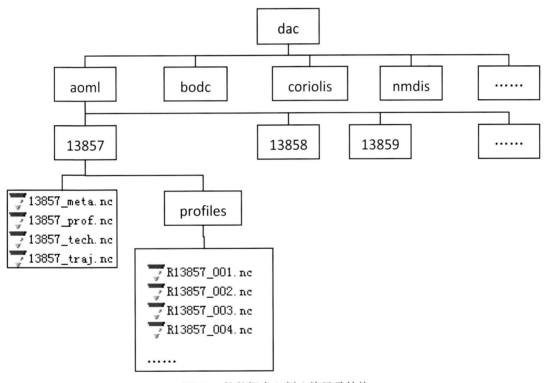

图2-7　按数据中心划分的目录结构

（3）按数据最近处理的时间划分

按数据最近处理的时间划分，仅保存最近12个月的数据（图2-8）。最新有效的依据年月日时间的处理数据。

最新接收数据：有一些Dacs会想在本地有整个Argo数据库的副本，因此也需要从最新收到的GDacs中定期检索。GDac FTP server将提供一个目录，目录包含最近接收到的以接收图2-8所示月份和日期组织的剖面。一个波动的日期的集合将总在此目录下可用（例：一年之初）。这种方式只对最近数据感兴趣的用户有用。每天都会有一个文件，文件包含所有当天在GDacs接收到的所有的剖面图。

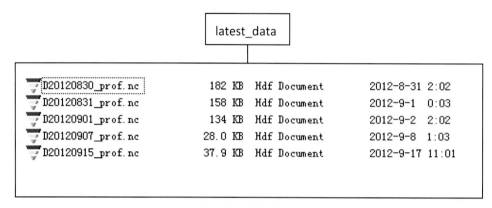

图2-8　最近12个月数据的目录结构

2.3　中国Argo实时资料中心Argo浮标数据格式

从两个全球Argo资料中心和全球通信系统上下载的Argo资料，其数据采用的是NetCDF和TESAC格式，使用时需作数据格式转换或安装一定的软件。而在中国Argo实时资料中心下载的Argo资料，无论是各Argo计划成员国布放的浮标，还是由我国布放的浮标，其数据格式均为ASCII码，可以直接读取并使用，比较方面。

该数据利用压缩文件的形式存储，其中文件名，如"1996.01.tar.gz"代表1996年1月期间在全球海洋上工作的Argo浮标观测资料，依此类推。解压该文件即可获得该月不同浮标观测的不同剖面资料，如"46851_001.dat"，代表由WMO编号为46851的浮标观测的第1个剖面资料，依此类推。这里"46851_001.dat"即称为剖面数据文件。此外，目录中名为"metafile.rar"的压缩文件包含了全部浮标的元数据信息。解压该文件即可得到各个浮标的元数据文件，如"0004252_meta.dat"，代表WMO编号为0004252浮标的元数据文件。

2.3.1　剖面数据文件

其文件名的格式为NNNNNNN_XXX.dat，其中NNNNNNN为浮标WMO编号，XXX为剖面号。数据文件的格式主要分表头信息和数据两部分，如图2-9所示。

其中，PLATFORM NUMBER为浮标的WMO编号；

CYCLE NUMBER为观测剖面的循环号；

DATE CREATION为数据文件的创建日期（指下载的原始NetCDF文件）；

PROJECT NAME为该浮标所属的项目名称；

PI NAME为该浮标所属的负责人；

INSTRUMENT TYPE为浮标的仪器类型；

SAMPLE DIRECTION为剖面观测的方向（A为上升时采样；D为下沉时采样）；

DATA MODE为数据模式（R为实时数据；D为延时模式数据；A为实时校正数据）；

JULIAN DAY为自UTC时间的1950年1月1日0时0分0秒起的天数；

DATE为剖面观测日期；

LATITUDE为观测剖面的纬度；

LONGITUDE为观测剖面的经度；

横线下面为观测和计算数据，以及质量控制标记。其中：

第1列数据为压力观测值（单位：dbar）；

第2列为校正的压力观测值；

第3列为压力质量标记（表2-2）；

第4列为观测温度（单位：℃）；

第5列为校正的温度值；

第6列为温度质量标记；

第7列为盐度观测值（单位：PSU）；

第8列为盐度校正值；

第9列为溶解氧观测值（单位：micromole/kg）；

第10列为校正的溶解氧；

第11列为溶解氧质量标记；

第12列为所有观测值的质量标记。

```
*SoftWare Version 1.2  2006/03/24

*HEADER
        PLATFORM NUMBER    :1900054
        CYCLE NUMBER       :314
        DATE CREATION      :20040510193808(YYYYMMDDHHMMSS)
        PROJECT NAME       :US ARGO PROJECT
        PI NAME            :STEPHEN RISER
        INSTRUMENT TYPE    :APEX_SBE_525
        SAMPLE DIRECTION   :A(A=Ascend  D=Descend)
        DATA MODE          :A(R=Real-Time D=Delayed-Mode)
        JULIAN DAY         :22621.6694(days since 1950-01-01 00:00:00 UTC)
        DATE               :2011-12-08(YYYY-MM-DD)
*LOCATION
        LATITUDE           : -27.961
        LONGITUDE          :  39.252
*FILE
        COLUMN 1           :Pressure (dbar)                        F7.1
        COLUMN 2           :Corrected Pressure (dbar)              F7.1
        COLUMN 3           :Quality on Pressure                    I3
        COLUMN 4           :Temperature (degree_Celsius)           F9.3
        COLUMN 5           :Corrected Temperature (degree_Celsius) F9.3
        COLUMN 6           :Quality on Temperature                 I3
        COLUMN 7           :Salinity (PSU)                         F9.3
        COLUMN 8           :Corrected Salinity (PSU)               F9.3
        COLUMN 9           :Quality on Salinity                    I3
        COLUMN 10          :Flag of all                            I3
=========================================================================
    9.1    4.2  1   24.613   24.613  1   35.439   35.439  1  1
   19.1   14.2  1   24.596   24.596  1   35.437   35.437  1  1
   29.0   24.1  1   24.475   24.475  1   35.435   35.435  1  1
   39.0   34.1  1   24.402   24.402  1   35.429   35.429  1  1
   48.9   44.0  1   24.372   24.372  1   35.427   35.427  1  1
   59.4   54.5  1   24.354   24.354  1   35.427   35.427  1  1
   69.6   64.7  1   24.328   24.328  1   35.417   35.417  1  1
   79.4   74.5  1   23.224   23.224  1   35.307   35.307  1  1
   89.5   84.6  1   22.804   22.804  1   35.316   35.316  1  1
```

图2-9 Argo数据文件的格式

13

2.3.2 元数据文件

元数据文件记录了每个Argo剖面浮标的技术参数，具体格式为：

*SoftWare Version 1.1 2004/02/03

*FLOAT CHARACTERISTICS

PLATFORM NUMBER : 4900093

ARGOS PTT : 18392

TRANSMISSION SYSTEM : ARGOS

TRANSMISSION REPETITION(seconds) : 44.0

POSITIONING SYSTEM : ARGOS

PLATFORM MODEL : APEX_SBE

PLATFORM MAKER : WEBB

DIRECTION OF THE PROFILES : A(A=ASCENDING ONLY; B=BOTH DESCENDING AND ASCENDING)

PROJECT NAME : US ARGO PROJECT

PI NAME : Stephen Riser

*DEPLOYMENT INFORMATION

LAUNCH DATE : 20020829141900(YYYYMMDDHHMISS)

LAUNCH LATITUDE : 22.750

LAUNCH LONGITUDE : −158.000

DATE(UTC) OF THE FIRST DESCENT : 20020829135500

DEPLOYMENT PLATFORM : R/V Wecoma

*SENSOR INFORMATION

SENSORS ON THE FLOAT : CNDC,TEMP,PRES,DOXY

SENSOR MAKER : SBE,SBE,n/a,SeaBird Electronics, Inc.

SENSOR MODEL : SBE41,SBE41,n/a,SBE43

SENSOR SERIAL NUMBER : 0678,n/a,n/a,F0009

SENSOR UNITS : mS/cm,degree_Celsius,decibar,micromole/kg

SENSOR ACCURACY : 0.002,0.005,2.4,1.0

SENSOR RESOLUTION : NOT AVAILABLE

*FLOAT CYCLE INFORMATION

REPETITION RATE :1

CYCLE TIME (in decimal hour) : 253

PARKING TIME (in decimal hour) : 240

DESCENDING PROFILING TIME : 6

ASCENDING PROFILING TIME : 6.94

SURFACE TIME : 10

PARKING PRESSURE (decibar) : 1000

DEEPEST PRESSURE (decibar) : 2000

*END

其中，PLATFORM NUMBER为浮标的WMO编号；

ARGOS PTT为浮标的Argos平台号；

TRANSMISSION SYSTEM为浮标使用传输系统；

TRANSMISSION REPETITION为浮标信号传输重复率（单位：s）；

POSITIONING SYSTEM为浮标使用的定位系统；

PLATFORM MODEL为浮标的类型；

PLATFORM MAKER为浮标的制造商；

DIRECTION OF THE PROFILES为剖面的采样方向；

PROJECT NAME为浮标所属的项目名称；

PI NAME为浮标所属的负责人；

LAUNCH DATE为浮标的投放日期（格式为年月日时分秒）；

LAUNCH LATITUDE为浮标的投放纬度；

LAUNCH LONGITUDE为浮标的投放经度；

DATE(UTC) OF THE FIRST DESCENT为浮标第一次下潜的时间；

DEPLOYMENT PLATFORM为浮标投放使用的平台；

SENSORS ON THE FLOAT为浮标装载的传感器；

SENSOR MAKER为浮标传感器的制造商；

SENSOR MODEL为浮标传感器的类型；

SENSOR SERIAL NUMBER为传感器的序列号；

SENSOR UNITS为传感器的观测值的单位；

SENSOR ACCURACY为传感器的精度；

SENSOR RESOLUTION为传感器的分辨率；

REPETITION RATE为浮标循环重复次数，通常浮标的循环次数为1，即所有循环设定为相同的。但是，有些浮标设定了不同的循环重复方式，如某个浮标设定观测4条1 000dbar深度的剖面后，第5条剖面的观测深度为2 000dbar，则REPETITION RATE的值有2个，分别为4和1；

CYCLE TIME为浮标的循环时间（单位：h）；

PARKING TIME为浮标在停留深度的漂移时间（单位：h）；

DESCENDING PROFILING TIME为浮标下潜到停留深度的时间；

ASCENDING PROFILING TIME为浮标上升到海面的时间；

SURFACE TIME为浮标在海面停留的时间；

PARKING PRESSURE为浮标停留的深度（单位：dbar）；

DEEPEST PRESSURE为浮标最大观测深度（单位：dbar）。

2.3.3 质量控制标记

在"数据剖面文件"说明中提到的质量控制标记，如1，2，3，…其表示的含义如表2-2所示。请用户使用过程中特别留意。

表2-2　质量控制标记

标　记	含　义
0	没进行质量控制
1	好
2	有可能好
3	有可能被校正的坏数据
4	坏数据

2.4　NetCDF文件格式介绍

NetCDF（Network Common Data Format，网络通用数据格式），最早是由美国国家科学委员会资助之计划（Unidata）所发展，其用意是在Unidata计划中不同的应用项目下，提供一种可以通用的数据存取方式，数据的内容包括单点的观测值、时间序列、规则排列的网格、人造卫星或雷达之影像档案。每一个NetCDF档案可以含括多维度的、具有名称的变量，包括长短的整数、单倍与双倍精度的实数、字符等，且每一个变量都有其自我介绍的数据，包括量度的单位、全名及意义等文字说明，在此摘要性的档头之后，才是真正的数据本身。

NetCDF可简单地视为一种面向阵列的组织数据存取的接口，任何使用 NetCDF 存取格式的档案都可称为NetCDF档案，NetCDF这套软件的功能，在于提供C、Fortran、C++、Perl或其他语言I/O的链接库，以让程序开发者可以读写数据文件，链接库具有说明的能力，并且可以跨越平台和机器的限制。NetCDF接口是一种多维的数据分布系统，由这个接口所产生的档案，具有多维的数据格式，当需要其中的某一组数据时，程序将不会从第一组数据读到你所需要的数据处，而是由 NetCDF 软件直接存取那个数据。如此一来将会大量地降低模式运算时数据存取的时间。也因此NetCDF 所需要的空间很大，因为它多了很多的自解释的申明。NetCDF的接口、类库、格式共同完成数据的创建、读取和科学数据的共享。

NetCDF的软件库在科罗拉多州博尔德的Unidata中心开发，可以从Unidata或者其他镜像站点，下载的tar或zip格式压缩的免费源程序。

Ucar网站网址：http://www.ucar.edu/ucar

NetCDF相关文档：http://www.unidata.ucar.edu/packages/NetCDF/index.html

Argo版式被分为4个部分：维度与定义、通用信息、数据部分、历史部分。Argo NetCDF格式包含许多属性，所有的Argo数据时间都采用国际标准时间。

第3章 Argo数据量分析

3.1 Welch功率谱估计方法

根据科研的需要，在不同的深度范围对Argo浮标设置了一定的观测间隔，深度较深的范围设置间隔大，因此Argo观测剖面包含的所有观测点，在不同深度范围存在明显的分段，各分段有不同的垂直分辨率。如果把不同分段的Argo剖面观测点的数据量看做是离散的信号，通过功率谱估计可以计算其周期（或垂直分辨率）。离散傅里叶变换是进行离散信号的频谱分析的一种有效手段，能够在数字域频率分析信号的频谱和离散系统的频率响应特性，但是数字化方法处理的序列只能为有限长，因此引入有限长序列的离散傅里叶变换，简称离散傅里叶变换，即DFT（Discrete Fourier Transform），设有限长序列$X(n), n = 0, 1, 2, \cdots, N\text{-}1$，它的离散傅里叶变换DFT表示为

$$X(k) = \mathrm{DFT}\left\{(x(n))\right\} = \sum_{m=0}^{N\text{-}1} X(n)\mathrm{e}^{-j\frac{2\pi}{N}km}, \, 0 \leqslant k \leqslant N-1 \tag{3-1}$$

将随机信号$X(n)$的N点样本值$X_N(n)$看做为能量有限信号，取其傅立叶变换，由式(3-1)可以得到

$$X_N(\mathrm{e}^{j\omega})\big|_{\omega=\frac{2k\pi}{N}} = \sum_{m=0}^{N\text{-}1} X(m)\,\mathrm{e}^{-j\omega m} \tag{3-2}$$

直接法是经典的功率谱估计法，它对数据序列只进行线性运算，1898年由舒斯特提出，可以由傅立叶变换直接得到（Stoica & Moses, 1997）。但直接法的方差性能差，而且当数据长度太大时，谱曲线起伏加剧；太小时，则谱曲线分辨率不好。Welch法是对直接法的改进，它对采样数据分段使用非矩形窗，由于非矩形窗在边沿趋近于零，从而减小了分段对重叠的依赖（Welch，1967；郭仕剑和王宝顺等，2006）。选择合适的窗函数，采用每段一半的重叠率，能大大降低谱估计的方差。在这种方法中，记录数据分成$K＝N/M$段，每段M个取样。即

$$\mathrm{x}^{(i)}(n) = \mathrm{x}(n+iM-N) \qquad 0{\leqslant}n{\leqslant}\mathrm{M}-1, 1{\leqslant}i{\leqslant}K \tag{3-3}$$

数据窗$w(n)$在计算周期图之前就与数据段相乘，结合式(3-2)和式(3-3)于是可定义K个修正周期图

$$\mathrm{J}_{\mathrm{M}}^{(i)} = \frac{1}{MU}\left|\sum_{n=0}^{\mathrm{M}-i} \mathrm{x}^{(i)}(n)\,\mathrm{w}(n)\mathrm{e}^{-j\omega m}\right|^2 i = 1,2,\cdots, \mathrm{K} \tag{3-4}$$

U是窗口序列函数的平均能量

$$U = \frac{1}{\mathrm{M}}\sum_{n=0}^{\mathrm{M}-i} \mathrm{W}^2(n) \tag{3-5}$$

谱估计为

$$B_X^W(\omega) = \frac{1}{K}\sum_{i=1}^{K} J_M^{(i)}(\omega) \tag{3-6}$$

频率ω取不同的k值，然后计算不同波数k的功率谱值，周期值与波数k的关系为$T_k=n/k$，式中n为样本数。

3.2 Argo观测剖面数据量的时间变化与周期分析

Argo是由大气、海洋科学家于1998年推出的一个大型海洋观测计划。迄今为止，Argo数据资料已经积累了十多年的长期数据，几乎覆盖全球海洋，数据获取及时准确，被广泛应用于全球性的科学研究。

Argo数据包含覆盖全球海洋近表面到2 000m深的盐度、温度及部分溶解氧资料，可用于长期和短期的海洋环境与气候研究，研究中常以年、季节、月、天为阶段或周期。Ivchenko, V.O.等（2008）通过1999—2006年的Argo浮标数据和卫星高度计数据，分析计算了北大西洋海面立体高度的年变化；Roemmich, D.等（2009）利用全球的Argo数据，研究2004—2008年平均温度与盐度的年变化；孙朝辉等（2008）应用Argo剖面浮标观测资料，分析了西北太平洋海域冬季与夏季的温度、盐度分布，及水团结构和分布；Ren, L.等（2009）使用2003—2007年的Argo的剖面浮标数据，研究东北太平洋的盐分季节收支平衡状况；宋翔洲等（2009）利用2004—2007年各月份的浮标观测剖面资料研究"西北太平洋模态水的空间结构及年际变化"；陈奕德等（2006）根据2003—2005年的数据，按月份分析了赤道太平洋区域中层流场信息；von Schuckmann, K.等（2009）把2003—2008年从近表面层到2 000m深的Argo数据，按月网格化，用于分析大尺度的温度和盐度的年度与年际变化规律；孙振宇等（2009）基于Argo浮标提供的全球上层海洋资料，重建出一套完整的全球海洋混合层（Mixed Layer Depth）和障碍层（Barrier Layer）网格化时间序列资料，资料时间间隔选为5天。整体的Argo浮标发送的观测剖面总量存在一定的周期性变化，在按年、季度或月份进行统计时，由于周期的存在会影响温度、盐度的平均值、最值、差值等的统计，因此在研究Argo数据总量周期性变化有一定的重要性。

3.2.1 研究资料与方法

这里用于统计的Argo资料源自中国Argo实时资料中心（ftp://ftp.Argo.org.cn/pub/Argo），这些资料都经过Argo资料中心的质量控制。从该资料中心下载数据后，按Argo数据发送的日期整理到数据库中再进行统计。从2001—2008年共2 922天，观测的剖面共445 642个，观测剖面上的观测点共33 495 119个。从2001—2008年观测的剖面数据总量变化比较大，表3-1统计了每年在一天中获取观测剖面最多与最少的数量，在一个月中获取观测剖面最多与最少的数量，以及日平均和月平均剖面数据获取情况，最后一列统计了每年获取观测剖面数据的总量。统计数据反映出：2001—2008年观测剖面的数据获取量平均每天从31.55个增加到284.69个，平均每月从959.67个增加到8 683.17个，年总量从11 516增加到104 198个，数据量增加很快；2001—2008年日差值最大是127，月差值最大是2 103，日差值和月差值的变化都是先变大后变小，数据变动较大。同时可以反映出几个关键节点：2004年起日平均超过100个，2006年起日平均超过200个，2005年起月平均超过5 000个，2008年起年获取总量超过10万个。

表3-1 2001—2008年观测的剖面数据统计

单位：个

年份	日最多 D_{max}	日最少 D_{min}	日差值 $D_{max} - D_{min}$	日平均	月最多 M_{max}	月最少 M_{min}	月差值 $M_{max} - M_{min}$	月平均	年总量
2001	60	13	47	31.55	1 312	709	603	959.67	11 516
2002	78	22	56	53.89	1 916	1 241	675	1 639.08	19 669
2003	118	45	73	80.55	2 878	1 981	897	2 450	29 400
2004	165	73	92	114.84	4 282	2 824	1 458	3 502.67	42 032
2005	242	115	127	169.19	6 239	4 136	2 103	5 146.33	61 756
2006	288	163	125	224.08	7 889	6 056	1 833	6 815.75	81 789
2007	302	218	84	261.05	8 340	7 243	1 097	7 940.17	95 282
2008	328	232	96	284.69	9 239	8 083	1 156	8 683.17	104 198

　　从2001—2008年Argo剖面数据获取的数据量可以看做是离散时间信号，通过功率谱估计可以计算其周期。离散时间傅里叶变换是进行离散时间信号的频谱分析的一种有效手段，Welch法（郭仕剑等，2006；张胜茂等，2010）是其中的一种，谱估计为：

$$B_X^W(\omega) = \frac{1}{K} \sum_{i=1}^{K} J_M^i(\omega) \tag{3-7}$$

　　频率ω取不同的k值，然后计算不同波数k的功率谱值，周期值与波数k的关系为$T_k=n/k$，式中，n为样本数。

3.2.2 结果与分析

（1）Argo观测剖面数量时间变化周期

　　为了计算2001—2008年存在的较长周期和年内较短周期，这里分别采用按间隔30天汇总统计和按天统计两种方式。在统计2001—2008年的周期时，如果把天数作为统计样本的数量，统计结果着重体现较小的细节周期变化，计算效率低，因此统计时按间隔30天汇总统计；在统计年内较短周期时，由于每年的周期变化相似，因此不需要按天统计8年中每年的变化周期，统计中选择2006—2008年，三年作为代表按天统计。

　　若以月为单位统计，由于月份包含的天数多少不一，会影响统计效果，产生误差。每月的天数最多31天，最少28天，Argo数据量最少的月份大多出现在2月，较多的大部分是含31天的月份，因此统计时按间隔30天汇总统计8年的变化周期。

$$C_M = \frac{(M_{max} - M_{min})}{n} \sum_{i=1}^{n} M_i \tag{3-8}$$

$$C_D = \frac{(M_{max} - M_{min})}{n} \sum_{i=1}^{n} D_i \tag{3-9}$$

　　Argo观测剖面数据年获取量变化非常大，从表3-1可以看出，从2001年的11 516个，增长到2008年的104 198个，几乎增加了10倍。一年中的各日变化和各月变化也比较大，图3-1中的日数量变动和月数量变动分别按式(3-2)和式(3-3)计算获得，C_D是日最多和日最少的差值与日平均的比值，其变化从2001年的1.49到2008年的0.34，C_M是月最多和月最少的差值与月平均的比值，其变化从2001年的0.63到2008年的0.13，两者都有下降趋势。

离散功率谱估计中用于计算的时间序列数据，一般是序列中的数据值减去序列数据的平均值，但是获取的Argo观测剖面数据数量的年变化，以及每年的日变化、月变化都比较大，因此不能直接根据一定时间间隔的数据平均值进行周期估计。这里使用连续三个数据滑动平均的值作为数据的平均值，计算方法如式(3-4)所示，把序列中的数据减去该序列中此数据的前后和本身平均值，作为用于离散功率谱估计的时间序列数据。

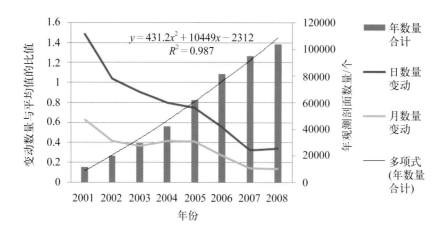

图3-1　2001—2008年观测剖面数据总量与日(月)数量变动情况

$$V_i = V_t - \frac{V_{t-1} + V_t + V_{t+1}}{3} \tag{3--10}$$

间隔30天汇总统计的数据从2001年1月31日到2008年10月20日，共94个时间序列数据，由Welch法计算获得的功率谱估计如图3-2所示，间隔30天汇总统计都有两个明显的峰值。

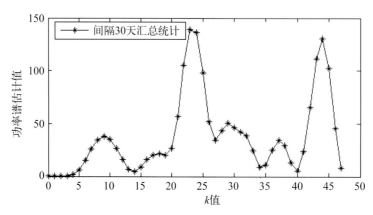

图3-2　2001—2008年间隔30天汇总统计功率谱

由Welch法计算获得的功率谱估计值如表3-2所示，表中只选择了较明显的两个峰值，波数是24和45，当显著水平$\alpha = 0.05$时，查F分布表得$F_a=3.1$，两个波的F检验值是3.52和3.28，都大于3.1，因此这两个波是显著的。T_1和T_2是波数k_1和波数k_2对应的周期，由$T_k=n/k$（n为样本数，k为波数）计算的值，再乘以汇总间隔的天数获得，间隔30天的汇总统计的最明显周期是117.5天；另一个是62.7天。

表3-2 2001—2008年功率谱值与序列周期

汇总统计间隔	样本数	波数k_1	F_1检验	波数k_2	F_2检验	周期T_1/天	周期T_2/天
30天统计	94	24	3.52	45	3.28	117.5	62.7

（2）Argo观测剖面数量按天统计周期

2001—2008年各年的变化趋势非常相似，图3-3是各月观测剖面数量占当年的总量百分比分布曲线，除2001年与其他年份有较小区别外，其他年份差别不大，2001—2008年的按月计算相互之间的相关系数在0.998 61到0.999 98之间。

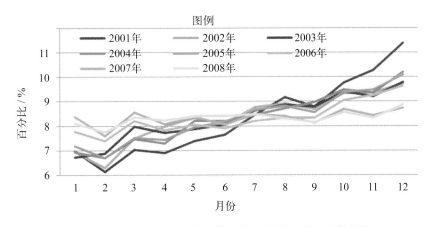

图3-3 2001—2008年各月观测剖面数量百分比分布曲线

由于每年的周期变化相似，因此没有按天统计8年的变化周期，而是选择了3年作为代表，按天统计变化周期，每天的数据量减去日平均数据获取量，作为功率谱估计的时间序列数据。

由Welch法计算获得的功率谱估计如图3-4所示，2006—2008年按天计算的功率谱图中都有两个明显的峰值。

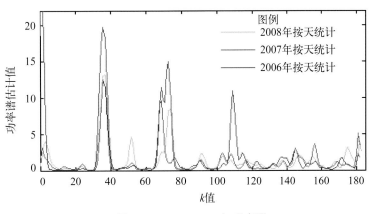

图3-4 2006—2008年功率谱

由Welch法计算获得的功率谱估计值见表3-3，表中只选择了较明显的两个峰值。波数k_1和波数k_2是功率估计值较大的两个波数，它们都通过F检验，具有显著性。T_1和T_2是相应波数的周期，第一个明显的周期值为9.8天左右，第二个明显的平均周期值为4.9天左右，两者相差一倍。

表3-3 2006—2008年功率谱值与序列周期

年份	用于统计的天数	波数k_1	波数k_2	周期T_1/天	周期T_2/天
2006	366	38	75	9.63	4.88
2007	364	37	71	9.84	5.13
2008	364	37	74	9.84	4.92

2006—2008年频数k在52附近有一个较小的峰，2008年的峰值比较明显，通过公式$T_k=n/k$，n为天数取值366，k为频数取值52，可以计算出一个约为7天的不太明显的周期，图3-5是以7天为周期，统计的各周观测数据量与年总量比值的变化情况。图3-5(a)是2001—2008年观测剖面数量各周百分比变化曲线，2004年以前各周所占百分比相差较大，最大差值出现在2002年为2.1%，2004年以后各周所占百分比相差较小，所占百分比在14%到14.7%之间；2001—2005年星期二、星期五、星期日所占百分比变化较小，星期日变化最小，所占百分比在14%左右。图3-5(b)和图3-5(c)是观测剖面数量各周百分比柱状图，由图3-5(a)和图3-5(b)反映出2001—2005年观测剖面数量各周百分高值出现在星期四，低值在星期六；由图3-5(a)和图3-5(c)反映出2006—2008年观测剖面数量各周百分高值出现在星期一，低值在星期日。

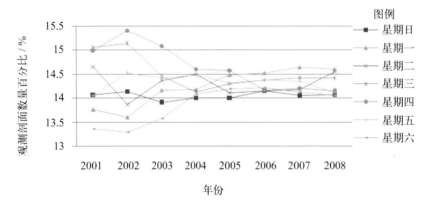

(a) 2001—2008年

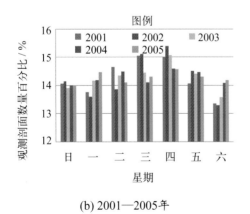

(b) 2001—2005年

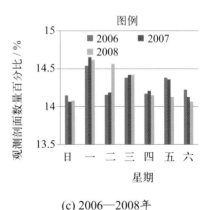

(c) 2006—2008年

图3-5 观测剖面数量各周百分比比较

3.2.3 Argo数据量的变化分析

每年各月获取的Argo观测剖面数量变化比较大，图3-6是2001—2008年月观测剖面数量与当年月平均值差值的比较，观测剖面数量最低值除2003年是1月外，其他年份都在2月，最高值都在12月；2001—2006年上半年的数据获取量都低于当年的月平均值，下半年的数据获取量大多数高于当年的月平均值。

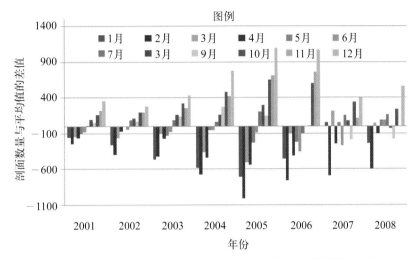

图3-6 2001—2008年各月观测剖面数量与平均值差值分布

表3-4对2001—2008上（下）半年与各季度观测剖面数量进行了汇总统计，上半年与下半年差值最大的是2005年，观测剖面数量相差6 192个，差值最小的是2008年，观测剖面数量相差1 482个；按季度统计的值中，剖面观测数量季度最多与季度最少差值最大的是2005年，观测剖面数量相差4 681个，最小差值是2001年，观测剖面数量相差1293个。

表3-4 2001—2008上（下）半年与季度观测剖面数量统计

单位：个

时间段	2001年	2002年	2003年	2004年	2005年	2006年	2007年	2008年
上半年	4 853	8 889	13 314	18 840	27 782	38 571	46 740	51 358
下半年	6 663	10 780	16 086	23 192	33 974	43 218	48 542	52 840
上(下)半年差值	1 810	1 891	2 772	4 352	6 192	4 647	1 802	1 482
第一季度	2 324	4 087	6 351	8 880	13 210	19 130	23 389	25 249
第二季度	2 529	4 802	6 963	9 960	14 572	19 441	23 351	26 109
第三季度	3 046	5 189	7 734	10 997	16 083	20 346	23 871	25 999
第四季度	3 617	5 591	8 352	12 195	17 891	22 872	24 671	26 841
季度最多(少)差值	1 293	1 504	2 001	3 315	4 681	3 742	1 320	1 592

图3-7是2001—2008上（下）半年与季度观测剖面数量百分比变化曲线，它是按照上（下）半年与季度汇总观测剖面数量占当年总量的百分比绘制的曲线图。上半年所占百分比在42%到50%之间，下半年在50%到58%之间，下半年普遍高于上半年；各年从第一季度到第四季度观测剖面所占百分比逐渐增加，各季度所占百分比在20%到31%之间，除2008年第三季度外，各年第三、第四季度所占百分比均高于第一、第二季度。2001—2008年上（下）半年与季度观测剖面数量百分比变化都比较大，上下半年差值从15.7%降低到1.5%，每年各季度百分比最大值与最小值差值从11.2%降低到1.4%，百分比差值从2001年到2008年逐渐减小，反映出年内观测剖面数据的获取数量逐渐稳定。

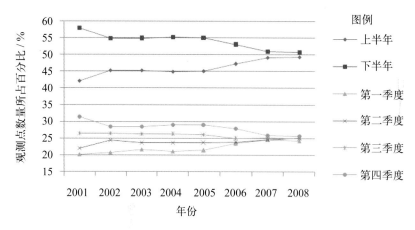

图3-7　2001—2008上（下）半年与季度观测剖面数量百分比变化曲线

Argo浮标发送的观测剖面数据总量有一定的周期性，通过对2001年到2008年的统计，反映出较短的周期为4.9天和9.8天，较长的周期为62.7天和117.5天。Argo浮标观测剖面总量变化还有一个约为7天的不明显周期，2001—2005年观测剖面数量各周百分比高值出现在星期四，2006—2008年高值出现在星期一。在按年、季度或月份进行统计时，由于周期的存在会影响温度、盐度的平均值、最值、差值等的统计，因此在研究中Argo数据总量周期性变化的影响也需要考虑。

Argo浮标发送的观测剖面数据总量在年际与年内都存在较大变化，从2001—2008年，观测剖面总量几乎增加了10倍，一年中的各日变化和各月变化也比较大，各年的上（下）半年与季度观测剖面数量百分比变化都比较大。数据量变化会影响插值的精度和准确性，因此在选定研究区域的时候，要充分考虑到区域内浮标剖面数据分布的数量和密度。

3.3　Argo观测点数量的空间分布与变化分析

Argo数据有比较好的时空特性，研究中常常用于空间插值制图。王彦磊等（2008）把2002—2007年的Argo浮标剖面资料划分为春、夏、秋、冬季四个时间段，并用Spline插值方法插值成图，分析世界大洋温度跃层的时间变化规律。杨胜龙等（2008）将2007年2月、5月、8月、11月太平洋海域的Argo剖面浮标资料，用Kriging插值法绘制SST分布图，分析太平洋海温的四个季节的变化。整体的Argo浮标发送的观测剖面总量存在较大变化，并且其年际与年内都比较大，数据量变化会影响插值的精度和准确性，因此在选定研究区域的时候，要充分考虑到区域内浮标剖面数据分布的数量和密度

（宋翔洲和林霄沛等，2009）。这里采用3.2.1节的方法，分析Argo观测点数量的空间分布与变化。

Argo全球海洋观测网所利用的PALACE（自律式拉格朗日环流剖面观测），测量深度可达2200m。Argo浮标在不同的深度范围设置了一定的观测间隔，深度较深的范围设置间隔大，Argo观测剖面包含的所有观测点，在垂直方向上的总量存在明显的阶段性，各分段有不同的垂直分辨率。

3.3.1　2001年到2008年Argo观测点数量的垂直分段

2001年到2008年获取的Argo浮标剖面数据观测点共33 495 119个，2006年、2007年、2008年，分别是5 954 286、7 631 412、9 198 566个。图3-8是观测点数量百分比随深度变化情况，纵坐标的数值是2006年、2007年、2008年间隔50m汇总统计的观测点数量占当年总量的百分比，以及从2001年到2008年间隔50m汇总统计的观测点数量占8年总量的百分比。统计数据显示随着深度变化，可以划分为Ⅰ、Ⅱ、Ⅲ、Ⅳ、Ⅴ、Ⅵ六段，第一段深度0～200m百分比从7%到10.4%，第二段深度200～500m百分比从3.2%到5.6%，第三段深度500～1 000m百分比从1.9%到2.4%，第四段深度1 000～1 500m百分比从0.8%到1.2%，第五段深度1 500～2 000m百分比从0.4%到0.8%，第六段深度2 000～2 200m百分比在0.2%以下。

2006年、2007年、2008年的百分比值，以及从2001年到2008年的总量的百分比值之间的相关系数在0.997 4到0.999 4之间，因此Argo观测剖面包含的所有观测点，在垂直方向上的总量变化是相似的，通过分析其中的一年就可反映出各年及整体的分布情况，这里以2008年的全年观测剖面包含的所有观测点为例进行分析。

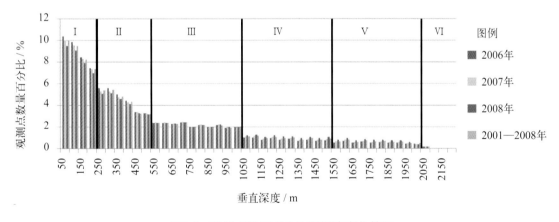

图3-8　观测点数量百分比随深度变化情况

3.3.2　2008年Argo观测点数量的垂直变化

2008年深度质量控制为好（深度质量控制标记为1）的观测点共9 198 566个，最深的观测深度为2 200dbar。图3-9是2008年间隔10dbar汇总统计的观测点数量，随深度变化的曲线图，变化趋势符合对数函数，回归方程为有 $y=-4 353\ln(x)+23 381$，方差为0.859。从图中可以看出，可以分为六段：深度0～200dbar观测点数量从196 007个到103 387个，深度200～500dbar观测点数量从101 263个到63 494个，深度500～1 000dbar观测点数量从62 632个到33 316个，深度1 000～1 500dbar观测点数量从32 883个到15 663个，深度1 500～2 000dbar观测点数量从15 374个到3 138个，深度2 000～2 200dbar很少。

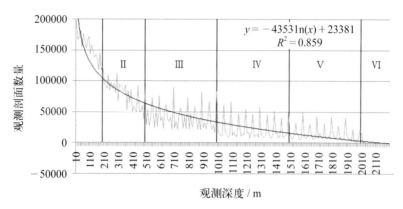

图3-9　2008年观测点数量随深度变化情况

2008年划分的6段观测点数量百分比如表3-5所示，分别为33.47%、25.47%、22%、11.21%、7.64%、0.21%。从统计的百分比数据可以看出，观测点在表层比较密集，其中0～200m占到33.47%，0～500m占到58.94%，深于2 000m的观测点很少，只有0.21%。

表3-5　各垂直分段的观测点数量与所占百分比统计

垂直分段	0～500/m			500～1000/m	1000～1500/m	1500～2000/m	2000～2200/m
	0～200/m	200～500/m	合计/m				
观测点数量/个	3 078 690	2 343 283	5 421 973	2 023 964	1 031 324	702 538	18 767
所占百分比/%	33.47	25.47	58.94	22	11.21	7.64	0.21

由于观测点深度不一定是在整数值的深度，因此在统计时，定义D为深度间隔，N为某深度，当深度在$(N-D, N]$范围内，即大于$N-D$且小于等于N时，作为N深度的统计值。

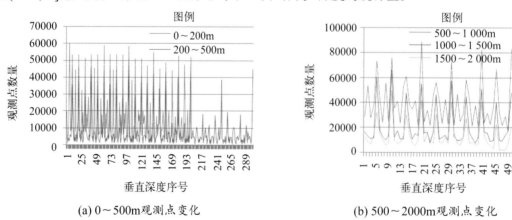

(a) 0～500m观测点变化　　　　　　　　(b) 500～2000m观测点变化

图3-10　垂直方向观测点数量变化曲线

图3-10(a)是深度范围在0～500m，观测点间隔为1(D=1)统计汇总后的数量变化曲线，垂直深度序号由N mod 300（取余数）获得，这样把0～200m、200～500m的图像叠加在一起，便于比较。图3-10(b)是深度范围在500～2 000m，观测点间隔为10(D=10)，统计汇总后的数量变化曲线，垂直深度序号由(N mod 500)/50获得，这样把500～1 000m、1 000～1 500m、1 500～2 000m的图像叠加在一

起，便于比较。从图中可以看出观测点数量随着深度的变化，存在明显的周期性起伏，在200～500m的数量变化曲线上存在明显的两部分，200～400m与0～200m的曲线图相似，400～500m与500m以深相似，因此把400～500m划分到500～1000m。

3.3.3　Argo观测点数量垂直变化的周期

Argo观测点垂直方向上的各分段存在明显的周期性，浮标数据资料的垂直分辨率随深度不同而变化，图3-11是由Welch法计算获得的功率谱估计曲线，显示出不同频率振动的功率大小，谱线中谱值最大的是主要振动波。在显著水平$\alpha=0.05$条件下，查F分布表得$F_\alpha=3.1$，对功率谱估计值进行的F检验值，选择出F检验值大于3.1的谐波，这些谐波都是显著的波。

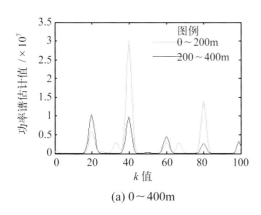

(a) 0～400m

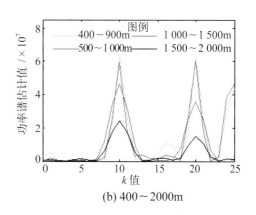

(b) 400～2000m

图3-11　功率谱估计曲线

各分段的周期通过$T_k=n/k$（n为样本数，k为波数）计算获得，图3-11(a)中0～200m明显的周期是5m，200～400m有两个明显的周期间隔是5m和10m，它们显著性相似。图3-11(b)中400～900m和500～1000m周期基本相同，因此把400～1000m划分为同一段，其第一个明显的周期间隔是50m，第三个明显的周期间隔是20m；1000～1500m和1500～2000m周期很相似只是显著性有些差别，它们第一个明显周期间隔是50m（表3-6）。

表3-6　2008年Argo观测点垂直功率谱估计值与序列周期

深度/m	样本个数	波数1	周期1/m	波数2	周期2/m	波数3	周期3/m
0～200	200	40	5	80	2.5		
200～400	200	20	10	40	5		
400～900	50	10	50	20	25	25	20
500～1 000	50	10	50	20	25	25	20
1 000～1 500	50	10	50	20	25		
1 500～2 000	50	10	50	20	25		

表3-7和表3-8是观测点数量与其百分比随深度变化的统计，第三列中格式"B:D:E"表示从B开始，增量为D，到E为结束的深度。如深度"5:10:200m"的观测点数量是N值分别

取5m,15m,25m,…,195m深度的观测点数量。N深度观测点数量是深度在(N-1,N]范围内，即大于N-1且小于等于N时，所有观测点的数量。最后一列的百分比是该分段内相应深度观测点数量的和占该深度范围总数量的百分比。在0～200m范围内，深度在"5:10:200m"的百分比是18.56%，深度在"10:10:200m"百分比是33.63%，两者相差接近两倍；在200～400m范围内，深度在"205:10:400m"的百分比是5.21%，深度在"210:10:400m"的百分比是41.88%，两者相差接近8倍，因此0～200m垂直分辨率以5m为主，200～400m垂直分辨率以10m为主。在深度"5:5:200m"和"205:5:400m"的百分比分别是52.19%、47.09%，说明观测点数据主要集中在5的整数倍深度。

表3-7　0～400m观测点数量与其百分比随深度变化统计

序号	深度范围 /m	观测点深度 /m	数量	最小值 /个	最大值 /个	平均值 /个	总计 /个	百分比 /%
1	0～200	5:10:200	20	16 518	59 843	28 575.45	571 509	18.56
2	0～200	10:10:200	20	43 971	58 653	51 761.3	1 035 226	33.63
3	0～200	5:5:200	40	16 518	59 843	40 168.38	1 606 735	52.19
4	200～400	205:10:400	20	1 579	10 187	4 551.8	91 036	5.21
5	200～400	210:10:400	20	12 784	47 815	36 576.5	731 530	41.88
6	200～400	205:5:400	40	1 579	47 815	20 564.15	822 566	47.09

在400～2 000m范围内，序号1、4、7、10，2、5、8、11所在深度的观测点数量平均值逐渐递减，所占百分比很接近，其中占百分比较大的分段在1 000～1 500m。在序号3、6、9、12所在深度的百分比分别是13.96%、18.51%、27.64%、24.19%，所占百分比相对比较高，说明深度在400～2 000m范围内，观测点数据主要集中在50的整数倍深度。

表3-8　400～2 000m观测点数量与百分比随深度变化统计

序号	深度范围 /m	观测点深度 /m	数量	最小值 /个	最大值 /个	平均值 /个	总计 /个	百分比 /%
1	400～500	450:100:500	1	38 463	38 463	38 463	38 463	6.45
2	400～500	400:100:500	1	44 824	44 824	44 824	44 824	7.51
3	400～500	400:50:500	2	38 463	44 824	41 643.5	83 287	13.96
4	500～1 000	550:100:1 000	5	29 095	36 196	32 211.2	161 056	7.96
5	500～1 000	600:100:1 000	5	40 418	46 987	42 699.6	213 498	10.55
6	500～1 000	550:50:1 000	10	29 095	46 987	37 455.4	374 554	18.51
7	1 000～1 500	1 050:100:1 500	5	19 773	30 557	25 658.4	128 292	12.44
8	1 000～1 500	1 100:100:1 500	5	27 390	35 336	31 359.6	156 798	15.20

序号	深度范围/m	观测点深度/m	数量	最小值/个	最大值/个	平均值/个	总计/个	百分比/%
9	1 000～1 500	1 050:50:1 500	10	19 773	35 336	28 509	285 090	27.64
10	1 500～2 000	1 550:100:2 000	5	8 614	18 385	14 440.4	72 202	10.28
11	1 500～2 000	1 600:100:2 000	5	10 598	26 142	19 548	97 740	13.91
12	1 500～2 000	1 550:50:2 000	10	8 614	26 142	16 994.2	169 942	24.19

3.4 Argo数据的水平分布与覆盖率的垂直变化

在全球大洋中大致每隔3个经纬度布放一个Argo浮标，但是由于科学研究的需要，以及洋流、海洋环境、浮标自身特点等影响，各区域的Argo浮标密度不同，在不同深度水平分布的观测点数量变化很大。这里采用中国Argo实时资料中心的Argo剖面浮标子资料，结合Welch功率谱估计方法，研究Argo数据的水平分布与覆盖率的垂直变化特征。

3.4.1 Argo数据水平分布状况

图3-12是把全球海洋划分多个3°×3°的格网，根据格网包含的数量，设置相应的颜色。图3-12(a)到图3-12(d)是2008年12月深度在100m、1 000m、1 500m、2 000m格网包含观测点数量情况。图3-12反映出包含观测点的格网在西北太平洋、东印度洋分布密度大，南太平洋、南印度洋分布密度小，大西洋分布较为均匀，整体上北半球比南半球密集。

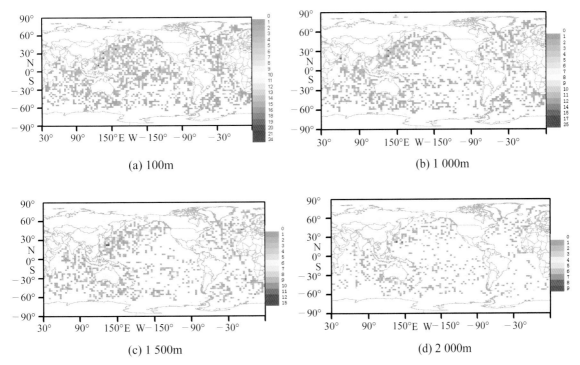

(a) 100m (b) 1 000m

(c) 1 500m (d) 2 000m

图3-12 2008年12月不同深度格网包含的观测点数量

3.4.2 Argo数据水平覆盖率的垂直变化

把地球表面用3°×3°的格网分割，选出分布在海洋中的格网用于统计，如果格网中既包含陆地也包含海洋，通过海洋所占面积判断，当格网中海洋面积大于一半时认为是在海洋中的格网。格网中包含观测点就认为这个格网被覆盖，包含观测点的格网数量与全部格网的比值称作格网的覆盖率。

统计中按大洋划分了3个区域，沿纬线方向划分了5个区域。图3-13是对3个大洋覆盖率统计的范围，南北边界在69°S到69°N之间，东西边界在180°W到180°E之间，太平洋和大西洋的边界是70°W，太平洋和印度洋的边界是145°E，大西洋和印度洋的边界是20°E。沿纬线方向划分的5个区域是：36°—60°N、12°—36°N、12°—12°S、12°—36°S、36°—60°S。

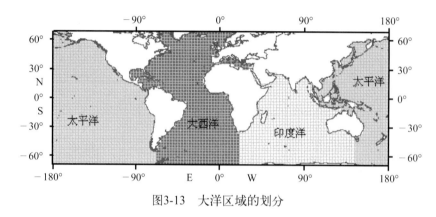

图3-13　大洋区域的划分

随着深度增加，观测点数量逐渐减少，0～200m观测点主要集中在5的整数倍深度，200～400m观测点主要集中在10的整数倍深度，500～2 000m观测点主要集中在50的整数倍深度，三者的观测点在100的整数倍深度都最多，因此这里对100的整数倍深度进行统计绘图。

三大洋的表层覆盖率相近在30%到32%之间，从整体上看大西洋覆盖率最高，太平洋最低，印度洋居中。沿纬线方向划分的区域分布特点是36°—60°N和12°—36°N格网覆盖率较高；12°N—12°S格网覆盖率变化最大，由表层到300m下降很快，1 200m～2 000m格网覆盖率很低，从12.8%下降到3.2%；12°—36°S和36°—60°S格网覆盖率居中。北半球的格网覆盖率明显高于南半球，高纬度覆盖率高于赤道。随着纬度的增加，空间尺度的缩短，以3个经纬度间隔投放Argo浮标是浮标密度高纬度较高的原因（Roemmich and Owens, 2000）。图3-14 (a)和图3-14 (b)都显示出1 500m以深格网覆盖率快速下降，1 700m以深下降迅速。

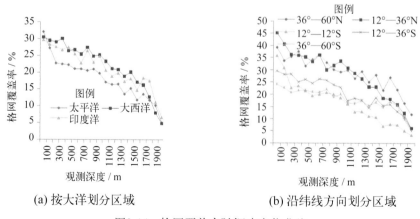

(a) 按大洋划分区域　　　　　　　　(b) 沿纬线方向划分区域

图3-14　格网覆盖率随深度变化曲线

3.5　结论

分析Argo剖面浮标采样周期，在每个周期的峰值处插值，是提高插值准确性与精度的有效方法。同时，Argo浮标在同一深度水平分布不均，较大的密度差异影响插值的效果，在选定研究区域的时候，要充分考虑到区域内浮标剖面数据分布的数量和密度。

从2001年到2008年间隔50m汇总统计的观测点数量占总量的百分比，显示出随着深度变化可以划分为6段。0～200m百分比从7%到10.4%，200～500m百分比从3.2%到5.6%，500～1 000m百分比从1.9%到2.4%，1 000～1 500m百分比从0.8%到1.2%，1 500～2 000m百分比从0.4%到0.8%，2 000～2 200m百分比在0.2%以下。2008年的观测点数量同样可以分为6段，观测点在表层比较密集，其中，0～200m占到33.47%，200～500m占到58.94%。从2008年观测点数据垂直分辨率间隔周期来看，以200m、400m、1 000m、2 000m为界分为4段，垂直分辨率分别为5m、10m、50m与20m、50m。

全球海洋划分3°×3°的格网，由包含不同观测点数量的格网分布状况反映出，在西北太平洋、东印度洋分布密度大，大西洋分布较为均匀，整体上北半球比南半球密集。三大洋的表层覆盖率相近，在30%～32%之间，从整体上看大西洋覆盖率最高，太平洋最低，印度洋居中。从沿纬线方向划分区域的格网覆盖率随深度变化情况，显示出北半球的格网覆盖率高于南半球。并且1 500m以深格网覆盖率快速下降，1 700m以深下降迅速。

这里研究了Argo浮标观测点的垂直分辨率与2008年特定深度的水平格网覆盖率，还需要进一步研究观测点各时间段在空间分布的特点，并且整体的Argo数据发送也有一定的周期性，需要分析数据的时间分辨率，在充分掌握现有Argo数据时空特点的基础上，建立对海洋环境与渔场形成的关系模型，从而提高大洋渔业服务系统的准确性。

第4章 Argo数据库构建与数据处理

4.1 数据库管理

无论从两个全球Argo资料中心和全球通信系统上下载的Argo资料，还是从中国Argo实时资料中心下载的Argo剖面浮标数据，Argo剖面浮标数据在科研使用和管理方面都存在以下两个问题。

第一，原始数据都是以文件形式存储，如国际Argo数据中心以NetCDF格式存储，中国Argo实时资料中心以ASCII码格式存储（见图2-9）。Argo数据不能被使用者直接观察、读取、使用，也不能够直接用于绘制海况图片和科学研究，文件内的海洋剖面数据需要被读取并导出，以通用的方式保存，方便科研使用。

第二，Argo计划完成，每年可获得10万条剖面数据，累积获得超过100万条剖面数据。每个浮标剖面数据有超过50条不同深度处的海洋环境信息记录，即总的累积剖面环境信息记录超过5 000万条，经过计算后的产品数据是原始数据量的几倍。如此庞大的数据量是普通的数据管理工具Execl、Access无法胜任的，对如此庞大的信息进行数据调用、数据挖掘，开展科研工作，必须保证数据的使用要稳定、有效和快速。而导出后的数据量也是非常庞大的。

为了方便数据管理、更新和操作，采用SQL Server 2005数据库管理工具对Argo浮标的空间数据与属性数据进行管理。在SQL Server 2005数据库管理工具里构建一个Argo数据库存储并管理Argo原始数据和产品数据。Argo数据管理和存储流程图见图4-1。Argo数据通过程序被读取并导入SQL Server 2005数据库中，这里采用SQL Server 2005表结构存储，并使用其Analysis Services的BI分析框架，对数据进行ETL抽取和整理，在此基础之上，通过ODBC数据库调用方式，集成前段的数据挖掘工具，如ArcGIS、matlab2012(a)等，对Argo数据库进行访问和操作管理。通过直接调用数据库内Argo数据对剖面数据进行产品计算，包括垂直和水平空间上，计算后的数据按照数据属性和空间范围的不同，分别建立表结构存储和管理。这样用户可以根据科研需求，直接调用数据库或者处理得到自己想要的结果数据。

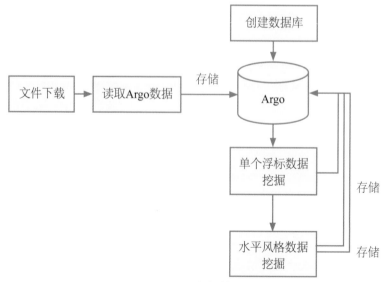

图4-1 Argo数据管理流程

4.2 原始数据处理

Argo整体数据库创建的数据库表主要有9个，如图4-2所示，图中PK（Primary Key）表示主键，FK（Foreign Key）表示外键。FileIndex是文件索引表，与GDacs上的索引文件同步更新；ArgoMeta是Argo浮标的元数据表，存储每个浮标的基本信息；Profile是剖面数据表，存储每个Argo浮标每个剖面的基本信息，如：经纬度、时间、采样点个数等；ProfilePoint表存储剖面数据所有采样点；Akima表存储Argo剖面经过Akima插值后的数据；Temperature和Salt是温跃层表和盐跃层表，存储跃层深度、厚度、强度等信息；Trajectory表存储浮标轨迹，Technical表存储浮标技术性数据。PFKey是Profile的主键，是表Profile、ProfilePoint、Akima、Temperature和Salt的外键。AMKey是ArgoMeta的主键，是表Profile、Technical、Trajectory的外键。FIKey是FileIndex表的主键，是ArgoMeta表的外键。每个表都根据主键和外键以及它们的关键字段创建了索引。建立关系表的目的是减少数据存储占用的空间，加快数据查询速度。

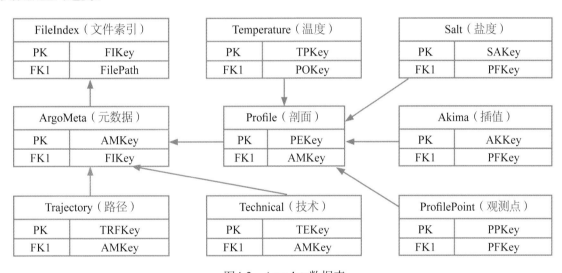

图4-2 Argodata数据表

通过编写VC++ 6.0源代码，自动批处理提取原始Argo数据文件内的浮标号（PLATFORM NUMBER）、日期（DATE）、经度（LATITUDE）、纬度（LONGITUDE）、深度（Corrected Pressure（dbar））、温度（Corrected Temperature（degree_Celsius））、盐度（Corrected Salinity（PSU））和溶解氧（Corrected Salinity（PSU））等字段信息。同时在SQL server数据库中建立一个表文件，表字段包含：浮标号、日期、经度、纬度、深度、温度、盐度和溶解氧，将导出的数据逐行导入到表文件中。

这样每一个浮标数据都按照深度值，逐行存储在SQL server数据库中，每行记录存储的是该浮标在该日期内，在该经、纬度处，该深度处的温度、盐度和溶解氧值，图4-3是SQL server 2005数据库内Argodata表结构示意图。截至2012年12月31日，SQL server 2005数据库中已存储原始Argo数据记录条数是78 053 063条。

platformN	RQ	Lat	Lon	SD	WD	YD	Doxygen
1900412	2012-01-31	−24.73	63.189999	237.899994	15.538	35.500999	−100
1900412	2012-01-31	−24.73	63.189999	240	15.467	35.497002	−100
1900412	2012-01-31	−24.73	63.189999	242	15.437	35.494999	−100
1900412	2012-01-31	−24.73	63.189999	244	15.423	35.493999	−100
1900412	2012-01-31	−24.73	63.189999	246	15.413	35.492001	−100
1900412	2012-01-31	−24.73	63.189999	248	15.403	35.491001	−100
1900412	2012-01-31	−24.73	63.189999	250	15.376	35.487999	−100
1900412	2012-01-31	−24.73	63.189999	252	15.319	35.481998	−100
1900412	2012-01-31	−24.73	63.189999	254	15.226	35.474998	−100
1900412	2012-01-31	−24.73	63.189999	256	15.191	35.471001	−100
1900412	2012-01-31	−24.73	63.189999	258	15.179	35.470001	−100
1900412	2012-01-31	−24.73	63.189999	260	15.171	35.467999	−100
1900412	2012-01-31	−24.73	63.189999	262	15.119	35.462002	−100
1900412	2012-01-31	−24.73	63.189999	264	15.053	35.456001	−100
1900412	2012-01-31	−24.73	63.189999	266	14.99	35.450001	−100
1900412	2012-01-31	−24.73	63.189999	268	14.964	35.445	−100
1900412	2012-01-31	−24.73	63.189999	270	14.844	35.436001	−100
1900412	2012-01-31	−24.73	63.189999	272	14.766	35.428001	−100
1900412	2012-01-31	−24.73	63.189999	274	14.715	35.424	−100
1900412	2012-01-31	−24.73	63.189999	276	14.624	35.417999	−100
1900412	2012-01-31	−24.73	63.189999	278	14.605	35.416	−100
1900412	2012-01-31	−24.73	63.189999	280	14.605	35.415001	−100
1900412	2012-01-31	−24.73	63.189999	282	14.597	35.414001	−100
1900412	2012-01-31	−24.73	63.189999	284	14.579	35.411999	−100
1900412	2012-01-31	−24.73	63.189999	286	14.581	35.411999	−100

图4-3　Argodata表参数

4.3　数据库结构图

前面第2章讲述了Argo数据的文件格式和Argo数据的下载、存储，第5章将讲述Argo数据的垂向和水平数据挖掘。上述所有的工作都是基于Win 32平台的Microsoft Visual C++ 6.0工具实现的。通过编制VC++源代码，实现上述下载、存储和管理；根据不同的需求，对数据进行挖掘和深度挖掘，并构建相应层次的数据库表。算法实现和数据库层次结构如图4-4所示，里面包含了按不同区域和不同属性建立的数据库表文件，如Kriging_'area'_wd内，是按不同渔区存储的10～18℃等值线网格化数据，将在4.5节介绍。

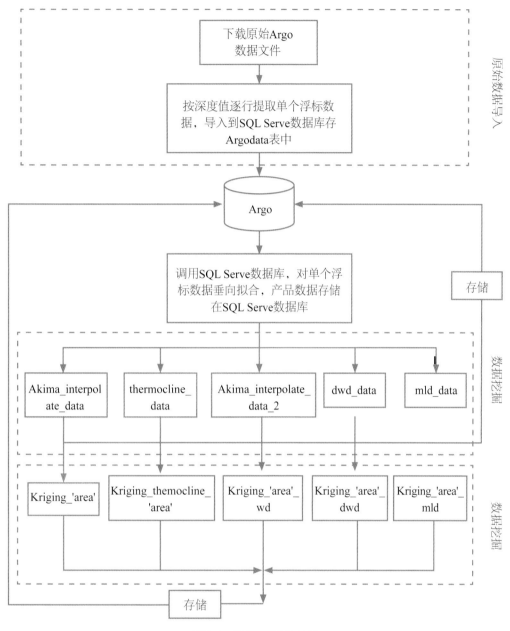

图4-4　数据库层次结构

4.4　软件模块

　　如图4-4所示，算法实现和数据库层次结构分3层：原始数据导入、数据挖掘和深度挖掘。原始数据导入，通过直接编制源代码实现原始数据的读取、存储和管理。数据挖掘是对垂直方向离散分布的Argo剖面浮标数据进行拟合，获得垂向上连续平滑的数据。深度挖掘是指采用例如地统计方法、反距离加权插值等算法计算水平面网格化等温线、等深线和温跃层等值线数据，最后绘制等值线空间分布图，分析渔场区域次表层环境时空分布特征。算法过程通过如下两个对话框实现（图4-5和图4-6）。本处理系统分以下两块。

一是对指定的深度，插值得到次表层温度、叶绿素和溶解氧等环境要素的网格化数据（图4-5）；

二是对指定的温度，插值得到次表层等深线网格化数据（图4-6）；模块主要设置7个选项：海区名称、插值的开始年、月和结束年、月、深度（温度）以及处理进程。选择好各项，点击【确定】按钮，后台程序自动调用SQL Serve数据库Argo数据，自动进行网格化计算。

<table>
<tr><td>图4-5　大洋次表层环境处理系统主控制面1</td><td>图4-6　大洋次表层环境处理系统主控制面2</td></tr>
</table>

利用该系统获得了全面的次表层网格数据，为了达到数据压缩的目的，输出的结果数据存为二进制的XYZ格式，存在数据库中，这样数据更具有通用性，方便科学研究。SQL Server数据库中，已存储各种Akiam插值和Kriging计算的次表层环境网格化产品数据共168 828 805条记录。

4.5　数据库表命名规则

4.5.1　渔区划分范围

根据渔区和数据类型不同，SQL Server 2005数据库中分别命名了不同的数据表。划分6个渔业生产区域，各渔区划分范围见表4-1。

表4-1　SQL Server 2005数据库内不同渔区定义范围

渔区名称	一般计算范围	温跃层计算范围
印度洋	15°—120°E，−50°—25°N	−30°—30°N，15°—120°E
中大西洋	−80°—20°E，−30°—60°N	−80°—20°E，−30°—30°N
西南大西洋	−55°—−35°S，290°—335°E	不计算
中太平洋	−30°—30°N，150°—240°E	150°—240°E，−30°—30°N
东南太平洋	−50°—15°N，240°—290°E	不计算
西北太平洋	25°—45°N，130°—200°E	25°—45°N，130°—200°E

其中西北太平洋主要为北太鱿鱼渔业服务，温跃层只计算7—9月；东南大西洋主要为阿根廷鱿鱼渔业服务，不计算温跃层；东南太平洋为智利竹筴鱼渔业服务，不计算温跃层；其他主要为远洋金枪

鱼渔业服务。

4.5.2 次表层深度信息数据库表命名规则

各渔区内，次表层深度数据库表命名规则为："Kriging_（渔区名）"，存放各个渔区经Kriging插值的温度、盐度和溶解氧网格值，分10m、50m、100m、150m、200m、250m等不同层深度。反距离加权算法类似，不再介绍。各渔区次表层深度数据库表文件名称见表4-2。

表4-2 SQL Server 2005数据库内不同渔区次表层深度表名称

渔区名称	SQL Server数据库名称
印度洋	Kriging_india
中太平洋	Kriging_central_pacific
东南太平洋	Kriging_southeast_pacific
北太平洋	Kriging_northwest_pacific
东南大西洋	Kriging_southwest_atlantic
中大西洋	Kriging_central_atlantic

4.5.3 温跃层命名规则

不同渔区的温跃层特征参数命名规则为："Kriging_thermocline_（渔区名）"，存放各渔区经kriging插值的温跃层上界深度、温度和下界深度、温度，以及温跃层厚度和强度信息等网格信息。各渔区温跃层数据库表文件名称见表4-3。

表4-3 SQL Server 2005数据库内不同渔区温跃层表名称

渔区名称	SQL Server数据库名称
印度洋	Kriging_thermocline_india
中太平洋	Kriging_thermocline_central_pacific
东南太平洋	Kriging_thermocline_southeast_pacific
西北太平洋	Kriging_thermocline_northwest_pacific
东南大西洋	Kriging_thermocline_southwest_atlantic
中大西洋	Kriging_thermocline_central_atlantic

4.5.4 次表层温度等值线信息数据库表命名规则

不同渔区的温跃层特征参数命名规则为："Kriging_（渔区名）_wd"，存放各渔区区域10～18℃

温度等值线网格数据，各渔区温跃层数据库表文件名称见表4-4。

表4-4　SQL Server 2005数据库内不同渔区次表层温度表名称

渔区名称	SQL Server 2005数据库表名称
印度洋	Kriging_india_wd
中太平洋	Kriging_ central_pacific_wd
东南太平洋	Kriging_southeast_pacific_wd
西北太平洋	Kriging _northwest_pacific_wd
东南大西洋	Kriging _southwest_atlantic_wd
中大西洋	Kriging_central_atlantic_wd

4.5.5　次表层温差等值线信息数据库表命名规则

次表层温差等值线信息数据库表命名规则与次表层温度等值线信息数据库表命名规则一样，采用"Kriging_(渔区名)_dwd"规则，各渔区温跃层数据库表文件名称见表4-5。

表4-5　SQL Server 2005 数据库内不同渔区次表层温度表名称

渔区名称	SQL Server 2005数据库表名称
印度洋	Kriging_india_dwd
中太平洋	Kriging_ central_pacific_dwd
东南太平洋	Kriging_southeast_pacific_dwd
西北太平洋	Kriging _northwest_pacific_dwd
东南大西洋	Kriging _southwest_atlantic_dwd
中大西洋	Kriging_central_atlantic_dwd

4.5.6　混合层数据库表命名规则

混合层信息数据库表命名规则与次表层温差等值线信息数据库表命名规则类似，采用"Kriging_（渔区名）_mld"规则，"mld"为"mixed layer depth"的缩写，各渔区温跃层数据库表文件名称见表4-6。

表4-6　SQL Server 2005数据库内不同渔区混合层表名称

渔区名称	SQL Server 2005数据库表名称
印度洋	Kriging_india_mld
中太平洋	Kriging_ central_pacific_mld
东南太平洋	Kriging_southeast_pacific_mld
西北太平洋	Kriging _northwest_pacific_mld
东南大西洋	Kriging _southwest_atlantic_mld
中大西洋	Kriging_central_atlantic_mld

上述存储后的产品网格数据，可以通过前端的数据挖掘工具，如matlab2010(a)直接调用SQL Server 2005数据库数据，通过matlab工具箱函数或编程，实现数据函数计算，统计分析以及图片显示。

4.6　处理流程

Argo数据来自法国海洋开发研究院的FTP服务器（ftp://ftp.ifremer.fr/ifremer/Argo/dac），它是两个Argo全球数据中心（GDacs，Global Data Centers）中的一个，同时存储着两种模式的数据：一种是实时模式（real-time data），另一种是延时模式（delayed-mode data）。如果数据中心收到延时模式数据，实时模式数据将被延时模式数据取代。GDacs之间通过索引文件实现数据同步更新。Argo剖面索引文件有两个：一个存储全部的Argo数据索引文件ar_index_global_prof.txt，文件在70MB以上，截至2011年4月9日，Argo数据已经有782 686条记录；另一个存储一周的数据索引文件ar_index_this_week_prof.txt。首次把数据导入数据库时，先下载全部的Argo数据索引文件，根据文件把Argo数据下载到临时目录，读出数据并导入数据库，数据导入完成后，每天读取一周的文件索引文件，根据文件更新数据。

Argo数据的处理流程如图4-7所示，首次创建Argo数据库时，从GDacs下载Argo剖面的全球索引文件，把数据导入到文件索引数据库，通过遍历文件索引数据库中的文件，找到文件对应的路径，并把Argo数据文件下载到本地，读取数据后导入到Argo剖面数据表（Profile），剖面数据库的数据经过Akima插值保存到Akima数据表（Akima），Akima插值过程中计算每个剖面的温度与盐度强度变化，把符合一定标准的值分别保存到温跃层（Temperature）和盐跃层（Salt）数据表。首次建库结束后，每次更新只需下载文件较小的一周数据索引文件，对比这个文件和文件数据库的记录，如果已经有延时模式数据更新了实时模式数据，则下载延时模式数据，更新数据库中的Profile 、Akima、Temperature 、Salt数据表；如果是新的数据，在Profile、Akima、Temperature、Salt数据表中增加新数据，更新与增加数据的方法与初次建库时的计算方法相同。在进行海洋次表层渔业分析时，在数据库中查询到需要的范围和需要的数据类型，结合渔业数据制作分析图。其他数据表还有轨迹数据表（Trajectory）、元数据表（Meta）、技术数据表（Technical），它们的更新方法与剖面数据更新方法相似，只是不需要进行插值处理。

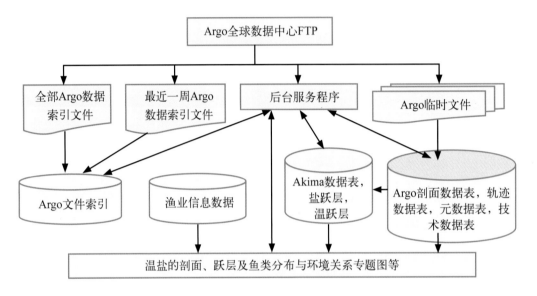

图4-7　Argo数据处理流程

第5章 Argo数据挖掘

5.1 单个浮标数据挖掘

单个Argo剖面浮标数据是离散的，垂直深度间隔不是等距离的（图5-1）。因此，按照不同的需求，对原始的Argo剖面浮标在垂向上数据挖掘，如曲线拟合，是制作次表层环境图之前必须的数据预处理过程。

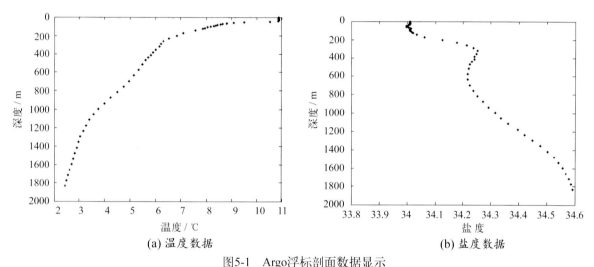

(a) 温度数据　　　　　　　　　　　(b) 盐度数据

图5-1　Argo浮标剖面数据显示

5.1.1 垂向拟合方法

Akima插值法（Akima，1970）和三次样条函数都考虑到了要素导数值的效应，因而得到的整个插值曲线是光滑的。三次样条函数插值法具有最小模、最佳最优逼近和收敛的特性，而Akima插值法所得曲线比样条函数值曲线更光滑、自然。采用Akima插值法可以将Argo离散的数据点连成光滑曲线。本项目按照不同的绘制需求，采用的Akima插值间隔不同，数据库存储结构也会不同。

Akima插值规定在两个采样点之间进行内插，除用到这两个采样点外，还要用这两个点相邻两侧的两个采样点。任取6个采样点（i=1,2,3,4,5,6），现需在3号和4号点之间内插任一待求点，其计算公式为：

$$y(x) = p_0 + p_1(x-x_3) + p_2(x-x_3)^2 + p_3(x-x_3)^3 \tag{5-1}$$

其中，

$$\begin{cases} p_0 = y_3 \\ p_1 = t_3 \\ p_2 = [3(y_4-y_3)/(x_4-x_3)-2t_3-t_4]/(x_4-x_3) \\ p_3 = [t_3+t_4-2(y_4-y_3)/(x_4-x_3)]/(x_4-x_3)^2 \end{cases} \tag{5-2}$$

式中，t_3、t_4为3号和4号点的斜率，t_3用1、2、3、4、5已知采样点计算，t_4用2、3、4、5、6已知点计算，一般计算公式为：

$$t_i = (|m_{i+1} - m_i| \cdot m_{i-1} + |m_{i-1} - m_{i-2}| \cdot m_i) / (|m_{i+1} - m_i| + |m_{i-1} - m_{i-2}|) \tag{5-3}$$

式中，$i = 3,4$；m为斜率计算公式为：$m_i = (y_i + 1 - y_i) / (x_i + 1 - x_i)$ 当式中分母为零时，$t_i = 1/2(m_i - 1 + m_i)$ 或 $t_i = m_i$。

5.1.2 Akima函数代码

下面是Akima函数VC++ 6.0代码，包括Akima主函数和几个调用函数，函数中剔除掉深度数据不是严格单调递增的浮标，否则在计算过程中会出现错误。根据插值的要求不同，参数 x_i 所代表的插值节点不同。y_i 为插值得到的返回值。

```
*****Akima函数代码*****
#include "stdafx.h"
#include <string>
#include "math.h"
#include "Afx.h"
float findmin(float * x,int N)
{
  float minx=x[0];
  for(int i=0;i<N;i++)
  {
        if(minx>=x[i])
        {
                minx=x[i];
        }
  }
  return minx;
}
float findmax(float * x,int N)
{
  float maxx=x[0];
  for(int i=0;i<N;i++)
  {
        if(maxx<=x[i])
        {
                maxx=x[i];
        }
```

```
        }
    return maxx;
    }
    int akima(char* pN,float *x,float *y,float *xi,int lengx,int lengxi,float *
yi)
    {
            if(x[lengx-2]==x[lengx-1])
        {
            lengx=lengx-1;
            printf("This platfromN Argo data depth is bellow 1000db\n");


        }
        int i=0;
        float *dx=new float[lengx-1];
        for(i=0;i<lengx-1;i++)
        {
            dx[i]=x[i+1]-x[i];
        }
        for(i=0;i<lengx-1;i++)
        {
            if(dx[i]<=0&&i!=lengx-2)
            {
                printf("input x-array must be in strictly ascending
order");
                printf("\n");
                return 0;
            }
        }
    if  ((int)(findmin(xi,lengxi)*10000)<(int)x[0]*10000||(int)
findmax(xi,lengxi)*1000>(int)x[lengx-1]*1000)
        {
            printf("All interpolation points xi must lie between x(1)  and
x(n)");
            printf("\n");
            printf(pN);
```

```
        printf("\n");

        return 0;

}

float * dy =new float[lengx-1];

float maxdy=0.0;

for(i=0;i<lengx-1;i++)

{

        dy[i]=y[i+1]-y[i];

        if (abs(dy[i])>maxdy)

                maxdy=abs(dy[i]);

}

float * m=new float[lengx-1];

float maxm=0.0;

for (i=0;i<lengx-1;i++)

{

        m[i]=dy[i]/dx[i];

        if (abs(m[i])>maxm)

                maxm=abs(m[i]);

        printf("%f\n",m[i]);

}

if(maxdy>3||maxm>0.3)

{

        printf(" the temperature change of depth is too large");

        printf("\n");

        return 0;

}

float mm=2*m[0]-m[1];

float mmm=2*mm-m[0];

float mp=2*m[lengx-2]-m[lengx-3];

float mpp=2*mp-m[lengx-2];

float * m1=new float[lengx-1+4];

m1[0]=mmm;m1[1]=mm;m1[lengx-1+4-1]=mpp;m1[lengx-1+4-2]=mp;

for (i=0;i<lengx-1;i++)

{

        m1[i+2]=m[i];
```

```
}
    float *dm=new float[lengx+3];
for (i=0;i<lengx+3-1;i++)
{
        dm[i]=(float)fabs(m1[i+1]-m1[i]);
}
float * f1=new float[lengx];
float * f2=new float[lengx];
float * f12=new float[lengx];


for (i=2;i<lengx+2;i++)
{
        f1[i-2]=dm[i];
}
for (i=0;i<lengx;i++)
{
        f2[i]=dm[i];
}
for (i=0;i<lengx;i++)
{
        f12[i]=f1[i]+f2[i];
}
float * b=new float[lengx];
for (i=1;i<lengx+1;i++)
{
        b[i-1]=m1[i];
}
for (i=0;i<lengx;i++)
{
        if (f12[i]>0)
        {
            b[i]=(f1[i]*m1[i+1]+f2[i]*m1[i+2])/f12[i];
        }
}
float * c=new float[lengx-1];
```

```
float * d=new float[lengx-1];
for (i=0;i<lengx-1;i++)
{
     c[i]=(3*m[i]-2*b[i]-b[i+1])/dx[i];
     d[i]=(b[i]+b[i+1]-2*m[i])/(dx[i]*dx[i]);
}
int * bin=new int[lengxi];
int j=0;
int k=0;
for (i=0;i<lengx-1;i++)
{
     for ( j=0;j<lengxi;j++)
     {
          if (xi[j]>=x[i] && xi[j]<x[i+1])
          {
               bin[k]=i;
               k++;
          }
     }
}
for ( j=0;j<lengxi;j++)
{

     if (xi[j]>=x[lengx-1])
     {
          bin[k]=i;
          k++;
     }
}
for (i=0;i<lengxi;i++)
{
     if (bin[i]>lengx-2)
          bin[i]=lengx-2;
}
int * bb=new int[lengxi];
```

```
for (i=0;i<lengxi;i++)
{
    bb[i]=bin[i];
}
float * wj=new float[lengxi];
for (i=0;i<lengxi;i++)
{
    wj[i]=xi[i]-x[bb[i]];
}
for (i=0;i<lengxi;i++)
{
    yi[i]=((wj[i]*d[bb[i]]+c[bb[i]])*wj[i]+b[bb[i]] )*wj[i]+y[bb[i]];
}
delete dx;
delete dy;
delete m;
delete m1;
delete dm;
delete f1;
delete f2;
delete f12;
delete c;
delete d;
delete b;
delete bin;
delete bb;
delete wj;
return 1;
}
```

5.1.3 次表层深度信息

次表层深度信息是指在海表以下规则节点深度处的剖面环境信息，如海表以下10m、50m、100m、150m、200m、250m、300m深度处温度、盐度和溶解氧信息。由于Argo数据是离散的，上述标准深度处可能没有记录值，必须通过数值拟合提取标准深度处的各种信息。提取后的信息再在水平方向上网格化计算，得到次表层7个剖面深度处的温度、盐度、溶解氧等值线信息，为绘图和进一步的网格化计算做数据准备。按照深度不同，垂直插值间隔采用不同的距离。海表至海表以下200m，间隔为5m；海表以下200m至400m间隔为10m；海表以下400m以深，间隔50m，这样提取表层以下规则节点处的剖面信息。图5-2是经Akima插值后，单个浮标温度、盐度垂向曲线拟合图。插值结果数据存储在数据库的Akima_interpolate_data表中（图4-4）。截至目前，数据库Akima_interpolate_data表中已存储53 517 990条记录。

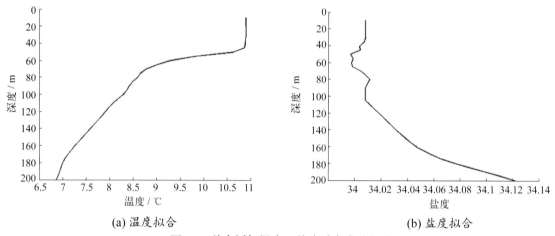

(a) 温度拟合　　　　　　　　　　　　　　(b) 盐度拟合

图5-2　单个浮标温度、盐度垂向曲线拟合

次表层深度信息算法VC++ 6.0实现步骤如下。

步骤1　ODBC链接数据库

步骤2　year

　　month=1,2,…12

　　　　day=1,2,…30/31

（1）通过数据库查询函数"select"调用SQL Server 2005数据库内当天全球所有离散的Argo剖面浮标数据。

（2）按浮标号码识别独立浮标数据。

（3）对每个独立的浮标数据，调用Akima( )函数对温度、盐度和溶解氧进行插值。

（4）如果返回"真"，通过数据库查询函数"insert"，将Akima插值得到的拟合数据，存储到SQL Server 2005数据库内Akima_interpolate_data表中;否则执行（5）。

（5）执行下一个浮标操作。

步骤3　断开数据库调用,释放内存空间

在步骤2中的（3）调用Akima( )插值前，先要划分插值节点，节点划分函数InterplateM( )如下：

```
void InterplateM(float * Msd,float * Mxi,int lengx,int &lengxi)
{
    int i=0;
    int index=0;
    if(Msd[i]<=5)
```

```
{
    Mxi[i]=5;
}
if (Msd[i]>5&&Msd[i]<=10)
{
    Mxi[i]=10;
}
if (Msd[i]>10&&Msd[i]<=15)
{
    Mxi[i]=15;
}
if (Msd[i]>15&&Msd[i]<=20)
{
    Mxi[i]=20;
}
if (Msd[i]>20&& (Msd[i]-((int)(Msd[i]/5)*5))==0)
    Mxi[i]=Msd[i];
else
    Mxi[i]=(int)(Msd[i]/5)*5+5;
i=1;lengxi++;
while(Mxi[lengxi-1]<=200&&Mxi[lengxi-1]<Msd[lengx-1])//Mxi[0]<200
{
    Mxi[lengxi]=Mxi[lengxi-1]+i*5;
    lengxi++;
    index=1;
}
i=1;lengxi=lengxi-index;index=0;
while(Mxi[lengxi-1]<=400&&Mxi[lengxi-1]<Msd[lengx-1])
{
    Mxi[lengxi]=Mxi[lengxi-1]+10*i;
    lengxi++;
    index=1;
}
i=1;lengxi=lengxi-index;index=0;
```

```
while(Mxi[lengxi-1]<=800&&Mxi[lengxi-1]<Msd[lengx-1])
{
        Mxi[lengxi]=Mxi[lengxi-1]+50*i;

        lengxi++;

        index=1;
}
i=1;lengxi=lengxi-1;index=0;
}
```

由于早期投放的Argo浮标没有安装溶解氧测量仪器，因此早期的Argo浮标没有记录剖面溶解氧信息。为了数据库内表文件的参数统一，对于这些浮标，溶解氧统一采用−100赋值处理，表示溶解氧值不存在。

5.1.4 次表层温度信息

次表层温度信息是指在海表以下，在10～18℃处的深度值。如同次表层深度，Argo浮标记录的温度值是离散的，不可能每次都记录10～18℃处的深度，因此绘制次表层温度等深线图，在计算网格数据前，需提取次表层温度深度值信息。为了准确匹配到10～18℃处的深度信息，本项目采用Akima插值方法，采用等距间隔（2m）进行拟合，匹配方法如下。

（1）以10℃为例，首先对单个浮标在垂向每间隔2m插值，提取温度向量T。

（2）计算温度T和10℃温差，得到向量D_{wt}。

（3）寻找D_{wt}绝对值最小的值，寻找该值对应节点处的温度值，就是要寻找的表层以下10℃处的温度值和深度值。

插值结果数据存储在数据库的Akima_interpolate_data_2表中（图4-4）。由于这样提取的信息太大，为了节省存储空间，提高数据调用效率，这里记9℃深度为D，在海洋表层和水下深度D之间，每间隔2m插值。截至目前，数据库Akima_interpolate_data_2表中已存储103 409 343条记录。

次表层温度信息算法实现过程同次表层深度信息算法实现过程相似，VC++ 6.0实现过程如下。

步骤1 ODBC链接数据库

步骤2 year

    month=1,2,…,12

    day=1,2,…,30/31

（1）通过数据库查询函数"select"调用SQL Server 2005数据库内当天全球所有离散的Argo剖面浮标数据。

（2）按浮标号码识别独立浮标数据。

（3）对每个独立的浮标数据，调用Akima( )函数对温度间隔2m进行插值。

（4）如果返回"真"，通过数据库查询函数"insert"，将Akima插值得到的拟合数据，存储到SQL Server 2005数据库内Akima_interpolate_data_2表中；否则执行（5）。

（5）执行下一个浮标操作。

步骤3　断开数据库调用，释放内存空间

由于插值要求不同，步骤2中的（3）调用的节点划分函数InterplateM( )和前面不一样，具体函数内容如下：

```
void InterplateM(float * Msd,float * Mxi,int lengx,int &lengxi,int
lowdepth)
{
        int i=0;
   int index=0;
   //首节点的定义
   if(Msd[i]<=4)
   {
        Mxi[i]=4;
   }
   if (Msd[i]>4&& (Msd[i]-((int)(Msd[i]/2)*2))==0)//在整点
   {
        Mxi[i]=Msd[i];
   }
   else
   {
        Mxi[i]=(int)(Msd[i]/2)*2+2;
   }
   i=1;lengxi++;
   while(Mxi[lengxi-1]<lowdepth&&Mxi[lengxi-1]<Msd[lengx-1])//Mxi[0]<350
   {
        Mxi[lengxi]=Mxi[lengxi-1]+i*2;
        lengxi++;
        index=1;
   }
   i=1;lengxi=lengxi-index;index=0;
}
```

5.1.5　温跃层参数信息

温跃层特征参数信息是温跃层的上界深度、温度和下界深度、温度以及温跃层强度和厚度值，为水平温跃层空间数据挖掘提供离散的空间环境信息。在提取温跃层特征参数时，对每个浮标，在垂向上每隔2m采用Akima进行插值，两两之间计算温度梯度，计算公式为$\Delta t/\Delta Z$，根据温跃层判别方法提取温跃层特征参数信息。为节省存储空间，Akima插值结果不保存,计算的剖面温度梯度信息为临时文件不保存，将温跃层特征参数信息保存在thermocline_data表中（图4-4）。截至目前，数据库thermocline_data表中已存储890 904条记录。

温跃层定义标准和判别方法如下：

取大洋温跃层强度$\Delta t/\Delta Z$最低标准为0.05 ℃/m，对大洋的温度剖面标准层资料进行跃层判断。对连续满足跃层临界值的则为一个跃层段;对不连续者，判断两跃层之间的间隔小于10m（当上界深度小于50m时）或小于30m（当上界深度大于50m时），则将两段合并进行跃层临界值判定。合并后，如温度梯度仍大于等于临界值，则合并为一个跃层段；如温度梯度小于临界值，则以上界深50m为界，分别在50m以浅、以深，选取跃层强度强者，如强度相等，则选跃层厚度厚者为跃层段。合并后要求跃层厚度不小于10m（当上界小于50m时）或厚度不小于20m（上界大于50m时）。

温跃层特征参数信息算法VC++ 6.0实现过程如下。

步骤1　ODBC链接数据库

步骤2　year

　　　　month=1,2,…,12

　　　　day=1,2,…,30/31

（1）通过数据库查询函数"select"调用SQL Server 2005数据库内当天全球所有离散的Argo剖面浮标数据。

（2）按浮标号码识别独立浮标数据。

（3）对每个独立的浮标数据，调用Akima( )函数对温度间隔2m进行插值。

（4）如果返回"真"，对插值后的剖面温度信息，在垂直方向计算温度梯度向量Δg；否则执行（5）。

　　①根据温跃层定义标准和判别方法，寻找温跃层特征参数（上界深度、温度和下界深度、温度），计算温跃层强度和厚度信息。

　　②如果在①中寻找到温跃层特征参数，通过数据库查询函数"insert"，将温跃层特征参数信息，存储到SQL Server 2005数据库内thermocline_data表中;否则执行（5）。

（5）执行下一个浮标操作。

步骤3　断开数据库调用，释放内存空间。

这里寻找的是季节性温跃层，即在某些区域温跃层是季节性存在，在高纬度区域是不存在温跃层的。

5.1.6　温差信息

温差信息是指低于海表温度（SST）$\Delta 7$—9 ℃处的深度值。由于Argo数据10m处的精度更高，10m处和表层温度一致，这里采用10m处的温度代替SST。实际海洋中，表层10m温度和盐度的分布基本上是均匀的，将表层温度和盐度取其10m处的值，可以忽略海洋表层异常热力过程的影响，例如淡水的输入，急剧的蒸发等。另外，以10m作为参考层符合Argo浮标的观测特点，减小Argo数据在表层的误差。

同样为了准确匹配到Δ7—9℃处的深度信息，本项目采用Akima插值方法，采用等距间隔（2m）进行拟合。匹配方法如下。

步骤1 以7℃为例，首先对单个浮标在垂向每间隔2m插值。

步骤2 从第二个节点处开始，计算所有节点处和第一个节点（10m）的温度差，得到温度差向量D_T。

步骤3 计算向量D_T和7℃温差，得到向量D_{wt}。

步骤4 寻找D_{wt}绝对值最小的值，寻找该值对应节点处的温度值，就是要寻找的距表层SST 7℃处的温度值和深度值。

计算结果存储在dwd_data表中（图4-4），截至目前，数据库dwd_data表中已存储1 889 058条记录。

温差信息VC++ 6.0算法实现过程如下。

步骤1 ODBC链接数据库

步骤2 year

　　　　month=1,2,…,12

　　　　day=1,2,…,30/31

（1）通过数据库查询函数"select"调用SQL Server 2005数据库内当天全球所有离散的Argo剖面浮标数据。

（2）按浮标号码识别独立浮标数据。

（3）对每个独立的浮标数据，调用Akima( )函数对温度间隔2m进行插值。

（4）如果返回"真"，对插值后的剖面温度信息，取10m处为表层深度，温度记为T_0，从12m处开始，依次计算和10m处温度T_0的差值；否则执行（5）。

　　　　D_{wd}=7,8,9

　　　　①依次寻找距T_0为7℃、8℃和9℃处的温度值和深度值。

　　　　②如果在①中寻找到指定温差的温度值和深度值，通过数据库查询函数"insert"，将温度值和深度值存储到SQL Server 2005数据库内dwd_data表中；否则执行（5）。

（5）执行下一个浮标操作。

步骤3 断开数据库调用，释放内存空间。

5.1.7 混合层信息

海洋近表层由于太阳辐射、降水、风力强迫等作用，形成温度、盐度、密度几乎垂向均匀的混合层（Mixed Layer，ML）。混合层在海气相互作用过程中起着重要作用，海洋与大气的能量、动量、物质交换主要通过混合层进行。鱼类夜间栖息在混合层内部，因此了解混合层的分布对于了解鱼类栖息习性很重要。这里应用安玉柱等（2012）的方法计算大洋混合层，根据文章的方法采用三种混合层定义提取混合层参数值。

定义1（温度判据）：比表层温度低0.5℃的温度所在的深度作为混合层深度，文中称为ILD(Isothermal Layer Depth)。

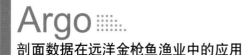

定义2（密度判据）：由表层盐度和比表层温度低0.5℃的温度值计算出一个密度，这个密度所在的深度处即为混合层底所在处，文中称为MLD。在这里，ILD和MLD分别代表了由温度和密度判据计算得来的混合层深度。

若ILD大于MLD，则存在障碍层（Barrier Layer，BL），障碍层厚度（Barrier Layer Thickness，BLT）为（ILD−MLD）；若ILD小于MLD，则存在补偿层（Compensated Layer，CL），补偿层厚度（Compensated Layer Thickness，CLT）为（MLD−ILD）。

在大部分海域，由于存在较强的温跃层，ILD和MLD是一致的，但是在一些区域，如赤道西太平洋和南半球高纬度地区，ILD和MLD则有很大的差异，所以在这些地方只采用定义1或定义2则会造成计算的混合层深度有很大的差异(Kara,2003)。图5-3为de Boyer Montégut等（2004;2007）在研究混合层时列举的实例。图5-3(a)为存在障碍层的示意图，以温度作为判据时计算的ILD为D_{T-02}，以密度判据时计算的MLD为D_σ，故障碍层的厚度为$D_{T-02}-D_\sigma$，可见在障碍层内温度基本不变，但密度已经发生了较大的变化，用D_{T-02}作为混合层深度显然偏大，取D_σ则更准确；图5-3(b)为存在补偿层时的示意图，以温度作为判据时计算得到的ILD为210m，以密度判据时计算的MLD为280m，所以补偿层厚度为70m，补偿层内密度基本不变，但温度发生了较大的变化，所以混合层的深度应该取210m。从以上的分析可知，混合层深度的确定受BL和CL的影响，所以本文首先用温度判据计算ILD，再用密度判据计算MLD，判断是否存在BL和CL，最终确定出合成的混合层深度。

定义3：取定义1计算的ILD和定义2计算的MLD较小的那个为混合层深度。

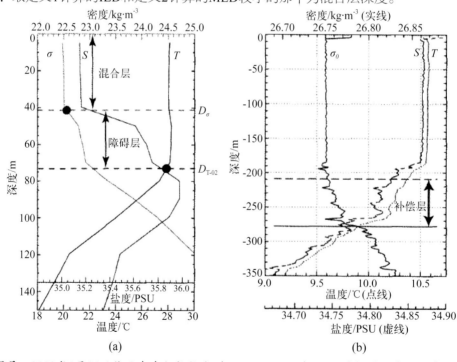

(a)

(b)

(a) 存在障碍层：2002年1月31日位于东南阿拉伯海（67.3°E，7.4°N）Argo浮标的温度、盐度、密度剖面，左侧实圆点表示根据密度判据得到的MLD，右侧实圆点表示根据温度判据得到的ILD（引自de Boyer Montégut等，2007；安玉柱，2012）

(b) 存在补偿层：1995年7月17日位于澳大利南部海域（146.2°E，44.4°S）CTD的温度、盐度、密度剖面，虚直线表示根据温度判据得到的ILD，实直线表示根据密度判据得到的MLD（引自Kara，2004；安玉柱，2012）

图5-3　混合层研究实例

根据前面的定义，本文采用下述算法计算混合层深度。该方法以10m作为初始参考层，计算过程中能够动态调整参考温度值或参考密度值，对于存在逆温层或者多个温度跃层有比较好的适应性。图5-4是计算方法的示意图，图5-4(a)采用定义1计算ILD，图5-4(b)采用定义2计算MLD。

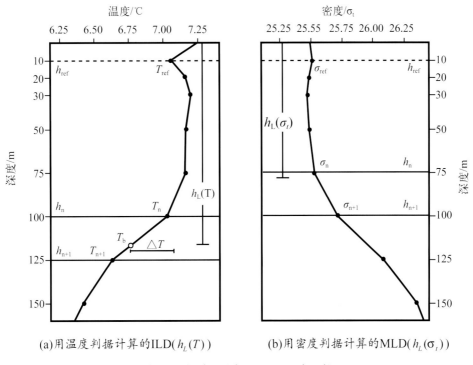

(a)用温度判据计算的ILD($h_L(T)$)　　　(b)用密度判据计算的MLD($h_L(\sigma_t)$)

图5-4　混合层深度(引自Kara,2004;安玉柱，2012)

结合图5-4(b)，下面以密度判据为例说明该方法的具体计算流程（LD的计算方法与此类似）。采用安玉柱等（2012）提出的方法，其计算流程如图5-5所示。

（1）选择10m深的密度 作为参考密度，即$\sigma_{ref}=\sigma_2$，下标2表示第二个标准深度10m。

（2）根据$\triangle\sigma=\sigma(T_2-\triangle T,S_2,P_0)-\sigma(T_2,S_2,P_0)$计算出密度差$\triangle\sigma$，其中$T_2$和$S_2$分别为第二个标准深度10m深处的温度和盐度，温度差值$\triangle T=0.5℃$，P_0为海表面压强，且取$P_0=0$，计算海水密度采用UNESC01980海水状态方程。

（3）寻找密度均匀层，更新参考密度值. 从10 m处（即n=2）开始，判断n和n+1层相邻两层之间的密度差是否小于0.1$\triangle\sigma$，若密度差小于0.1$\triangle\sigma$，则认为是均匀层，并且用第n层的密度σ_n作为新的参考密度σ_{ref}，此时$\sigma_b=\sigma_{ref}+\triangle\sigma$是MLD底的密度，线性插值得$MLD=H_n+(\sigma_b-\sigma_n)/(H_{n+1}-H_n)$。

混合层信息VC++ 6.0算法实现过程如下。

步骤1　ODBC链接数据库。

步骤2　year

　　　　month=1,2,…,12

　　　　day=1,2,…,30/31

（1）通过数据库查询函数"select"调用SQL Server 2005数据库内当天全球所有离散的Argo剖面浮标数据。

（2）按浮标号码识别独立浮标数据。

（3）对每个独立的浮标数据，调用Akima( )函数对温度间隔2m进行插值。

（4）如果返回"真"则：

　　①对插值后的剖面温度信息，取10m处为表层深度，温度记为T_0，从12m处开始，依次计算和10m处温度T_0的差值；依次寻找距T_0为0.5℃处的温度值和深度值，$sub=1$。

　　②根据密度方法，调用findmld( )函数，返回定义2的混合层深度和温度值，$sub=2$。

　　③根据定义3的方法，寻找混合层深度和温度值，$sub=3$。

（5）通过数据库查询函数"insert"，将温度值和深度值存储到SQL Server 2005数据库内mld_data表中。

（6）执行下一个浮标操作。

步骤3　断开数据库调用，释放内存空间。

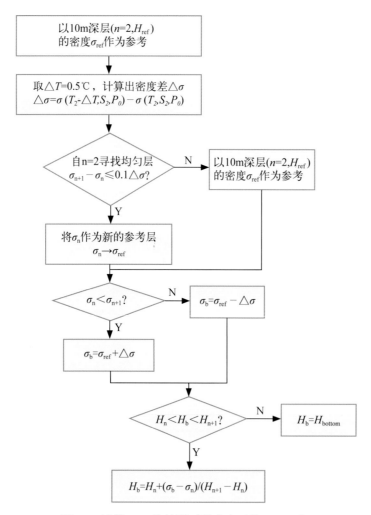

图5-5　计算MLD的流程（引自安玉柱，2012）

计算结果存储在mld_data表中（图4-4），不同定义方法得到的混合层参数用参数 $sub=1,2,3$标示，截止目前，数据库dwd_data表中已存储1 698 705条记录。

```
void findmld(float *x,float *wd,float *yd,int N,int &count,float &mldwd,float
&mldsd,float p)
{
    //findmld(Mxi,MIwd,MIyd,lengxi-1,subN,gdlist);
    //寻找10m
    int n=0;int k=0;
    int kref=0;//参考层
    float dd=0.0;
    float deltab=0.0;
    float deltaref=0.0;
    while(x[n]!=10&&x[n]<=10)
    {
        n++;
    }
    if (x[n]==10)
    {
        k=n;kref=n;count=k;
        deltaref=delta(wd[k],yd[k],p);
    }
    float ddelta=delta(wd[k]-0.5,yd[k],p)-delta(wd[k],yd[k],p);
    if (k+1<N)
        dd=delta(wd[k+1],yd[k+1],p)-delta(wd[k],yd[k],p);
    while( dd<=0.1*ddelta&&k+1<N)
    {
        kref=k;
        deltaref=delta(wd[k],yd[k],p);
        k=k+1;count=k;
        dd=delta(wd[k+1],yd[k+1],p)-delta(wd[k],yd[k],p);
    }
    if (delta(wd[k],yd[k],p)<delta(wd[k+1],yd[k+1],p))
    {
        deltab=deltaref+ddelta;
    }
    else
```

```
    {
        deltab=deltaref-ddelta;
    }
float hb=0.0;

if (deltab>x[k]&&deltab<x[k+1])
        hb=x[kref]+(deltab-delta(wd[k],yd[k],p))/(x[kref+1]-x[kref]);
else
        hb=x[k+1];
mldwd=wd[k];
mldsd=hb;
}
```

5.2　水平网格化数据挖掘

5.2.1　水平插值方法

（1）Kriging插值

传统上，空间插值主要采用了反距离加权法，其在算法上比较简单，应用也比较方便，但是没有考虑到数据点间的空间相关性，因此不够精确，甚至与实际不符。地统计克里金插值方法（Kriging插值法）（杨胜龙等，2008）正好能弥补反距离加权法的这些缺陷。

区域化变量首先是一个随机函数，它具有局部的、随机的、异常的性质；其次区域化变量具有一般的或平均的结构性质，即变量在点x与偏离空间距离为h的点$x+h$处的数值$Z(x)$与$Z(x+h)$具有某种程度上的关系。协方差函数和变异函数则是以区域化变量理论为基础建立起来的地统计学的两个最基本的函数。如果变异函数和相关分析的结果表明区域化变量存在空间相关性，则可以运用Kriging法对空间未抽样点或未抽样区域进行线性无偏估计。

设$Z(x)$为区域化变量，满足二阶平稳和本征假设，其数学期望为m，协方差函数$c(h)$及变异函数$\lambda(h)$存在。即

$$E\,[\,Z(x)\,]=m \tag{5-4}$$

$$c\,(h)=E\,[\,Z(x)\ Z(x+h)\,]-m^2(2) \tag{5-5}$$

$$\gamma(h)=E\,(\,Z(x)-Z(x+h)\,)^2 \tag{5-6}$$

Kriging方法中，使用最多的是普通Kriging方法，其公式定义为：

$$Z^*_{\,v}=\sum_{i=1}^{n}\lambda_i Z(x_i) \tag{5-7}$$

λ_i是权重系数。根据线性无偏估计原理和最优性，使估计方差最小，根据Lagrange乘数原理有Kriging方程组，即

$$\begin{cases} \sum_{i=1}^{n} \lambda_i \bar{c}(v_i, v_j) - \mu = \bar{c}(v_i, V) \\ \sum_{i=1}^{n} \lambda_i = 1 \end{cases}$$ (5-8)

在变异函数存在的条件下，根据协方差与变异函数有关系式

$$\gamma(h) = c(0) - c(h)$$ (5-9)

可以用变异函数表示Kriging方程组，即

$$\begin{cases} \sum_{i=1}^{n} \lambda_i \bar{\gamma}(v_i, v_j) - \mu = \bar{\gamma}(v_i, V) \\ \sum_{i=1}^{n} \lambda_i = 1 \end{cases}$$ (5-10)

由式(5-10)，变异函数离散计算公式为

$$\gamma(h) = \frac{1}{2N(h)} \sum_{i=1}^{N(h)} [Z(x_i) - Z(x_{i+h})]^2$$ (5-11)

式中，$N(h)$为被距离区段h分割观测样本对的数目。变异函数采用地统计分析中应用最广的球状模型。公式为

$$\gamma(h) = \begin{cases} 0 & h = 0 \\ c_0 + c(\frac{3h}{2a} - \frac{h^3}{a^2}) & 0 < h \leqslant a \\ c_0 + c & h > a \end{cases}$$ (5-12)

由观测点值求出式(5-12)具体变异函数模型，代入式(5-10)解出权重系数λ_i和拉格朗日（Lagrange）乘数μ，再代入式(5-7)求出Z^*_V，为Z_V的最有无偏估计。

（2）反距离权重插值

反距离权重（IDW，Inverse Distance Weighted）插值是以插值点与样本点间的距离为权重进行加权平均，离插值点越近的样本点赋予的权重越大。因为反距离权重是加权平均距离，所以该平均值不会大于最大输入或小于最小输入。如果采样对于正在尝试模拟的本地变量来说足够密集，则基于反距离权重会获得最佳结果。Argo离散点分布较均匀，在水平差制图分辨率较低时其密度程度可以满足在分析中反映局部表面的变化。表达式如下：

$$Z_o = \frac{\sum_{i=1}^{n} \frac{z_i}{d_i^r}}{\sum_{i=1}^{n} \frac{1}{d_i^r}}$$ (5-13)

式中，Z_o为O点的估计值；Z_i为控制点i的Z值；d_i为控制点i与点O间的距离；n为在估算中用到的控制点数目，r为指定的幂数。

采样点在预测点值的计算过程中所占权重的大小受参数 r 的影响，随着采样点与预测值之间距离的增加，采样点对预测点影响的权重按指数规律减少。在预测过程中，各采样点值对预测点值作用的权重大小是成比例的，这些权重的总和为1。

2010年9月14日至2010年11月21日，本实验室科研人员郑仰桥博士用Sea-bird公司的SBE19 Plus型CTD（Conductivity, Temperature, Depth），在10°S至10°N和140°—180°E范围内共获取68个从0～200m的实测剖面数据。Argo剖面数据经过Akima插值获取到指定深度的温盐值，然后用IDW方法在50m和100m，对Argo月平均温盐数据做水平插值，插值后获得9—11月的插值图，再用CTD观测数据对插值结果进行误差分析。表5-1和表5-2是对CTD值与Argo插值的绝对误差分析，可以看出9月和10月的温度绝对误差小于0.2℃，最大绝对误差小于0.4℃，11月的绝对误差较大，绝对误差小于0.5℃，最大绝对误差小于0.7℃。盐度绝对误差小于0.16，最大绝对误差小于0.32。一般鱼类生活的水温变化范围在8℃以上，盐度范围在1.5以上，因此从绝对误差分析来看，插值后的结果可以满足渔业分析需要。

表5-1　温度误差分析

月份	CTD点数	50m绝对误差/℃			100m绝对误差/℃		
		最小	最大	平均	最小	最大	平均
9月	14	0.002	0.229	0.104	0.013	0.282	0.152
10月	22	0.008	0.334	0.144	0.016	0.372	0.157
11月	32	0.040	0.625	0.370	0.057	0.677	0.451

表5-2　盐度误差分析

月份	CTD点数	50m绝对误差/PSU			100m绝对误差/PSU		
		最小	最大	平均	最小	最大	平均
9月	14	0.035	0.221	0.109	0.013	0.282	0.152
10月	22	0.023	0.219	0.106	0.001	0.048	0.017
11月	32	0.001	0.318	0.127	0.004	0.215	0.090

5.2.2　太平洋温度场重构

温度场具有空间上的相关性、非周期性和不规则性，而地统计学已被证明是研究各种自然现象的空间结构特征（包括空间相关性、随机性和方向性等）的有效方法。采用Argo数据，将Kriging方法用于太平洋温度场研究，以揭示太平洋温度场特征，为海洋温度场研究提供新的途径。

通过编写VC++源代码，采用Microsoft Visual C++ 6.0工具，从SQL Server数据库中的Akima_interpolate_data表中，批量调用次表层以下指定的不同层深度处（10m、100m、150m、200m）的温

度值，形成一个水平面离散分布的温度数据点集，如图5-6所示。在此基础上，定义网格插值精度，采用空间地统计Kriging方法，对选定的水平温度值，按月在二维空间上插值。

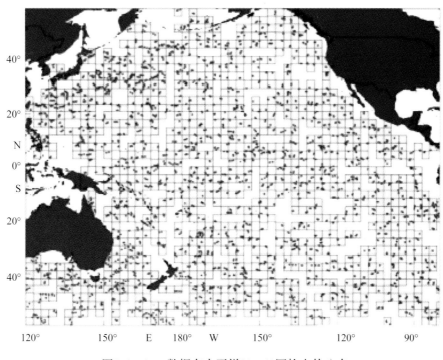

图5-6　Argo数据在太平洋3°×3°网格上的分布

图5-6是2007年11月太平洋Argo浮标空间覆盖率情况。在3°×3°的网格资料中，共有有效浮标数据4417个，有效覆盖率超过62.5%，在整个太平洋分布比较均匀。若网格内没有点，在4.5°范围内能够插值得到的有效覆盖率超过92%。

采用上述方法将2007年1—12月期间获得的太平洋海域的Argo剖面浮标资料重新构成3°×3°的月平均表层和次表层海温场（图5-7，图5-8）。

图5-7是2007年2月、5月、8月、11月的太平洋表温图，分别代表四个季节的变化。从图5-7中可得如下重要特征：①从春季到冬季海温场存在明显的季节性变化，2月高温区偏向南纬，28℃等温线限制在10°S左右；8月刚好相反，但28℃等温线可扩展至20°N左右。②在热带西太平洋常年存在一个温度大于28℃的暖水区，热带东太平洋存在一个强度很大的冷舌。③在西边界流系和南极绕流海区存在着强温度锋面。此外温度场还显示在靠近墨西哥海域常年存在一个暖水区。

图5-8是2007年11月太平洋海表面以下50m、100m、150m、200m处断面的温度场。从图中可以看出，随着深度加大，温度场平均温度下降，温度变化剧烈的区域是20°S至20°N海区，其他海域温度变化不大。4个断面的温度场均表明太平洋海区常年维持着西热东冷的格局，但随着深度增加，东太平洋冷舌向西部移动，赤道海域暖水区面积减少，冷水区面积增大，在200m深冷舌基本扩展到赤道太平洋西部，把太平洋北上的赤道暖水区切断，这表明太平洋赤道东部海区冷水主要从下层往西部入侵，西部暖水是从表层往东部发展。墨西哥暖水区在50m深度处依然可见。赤道地区温度随深度的这种变化可能与金枪鱼栖息有某种关系。150m以下，可以发现日本海域附近黑潮迹象。

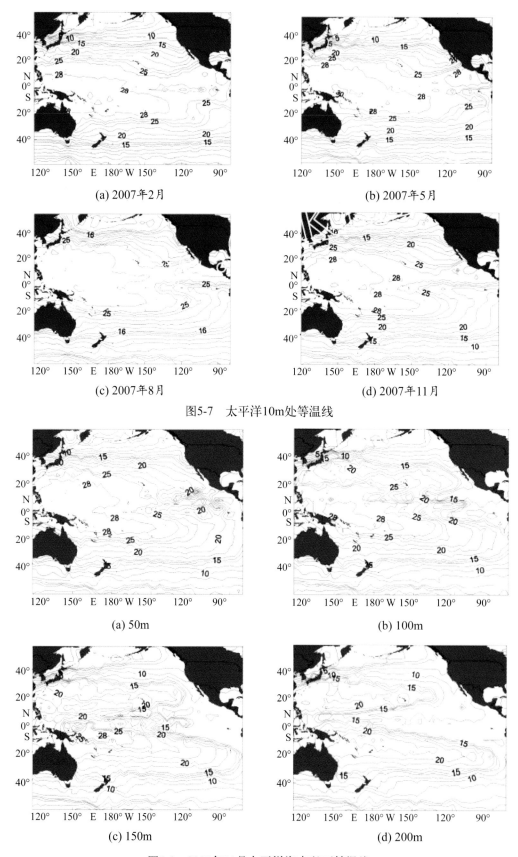

(a) 2007年2月

(b) 2007年5月

(c) 2007年8月

(d) 2007年11月

图5-7　太平洋10m处等温线

(a) 50m

(b) 100m

(c) 150m

(d) 200m

图5-8　2007年11月太平洋海表以下等温线

对Kriging插值结果与实测数据进行比较，图5-9是部分实测数据和网格插值计算数据误差对比，这里实测数据是不参与计算的Argo浮标数据。计算结果表明温度场重构最大误差0.7℃，平均误差0.3℃，平均相对误差0.7%，平均标准误差0.06℃。

编号	经度/°	纬度/°	实测值/℃	插值/℃	误差/℃	相对误差/%
1	124.59	−48	9.1	9.1	0	0
2	128.36	27.43	28.2	27.8	0.4	1.418 44
3	132.11	17.81	28.5	28	0.4	1.754 386
4	137.16	−55	3.4	3	0.4	11.764 71
5	137.67	−55.2	3.4	2.9	0.5	14.705 88
6	137.78	28.38	26.5	27.1	−0.6	−2.264 15
7	141.61	28.74	28.1	27.5	0.6	2.135 231
8	146.80	34.6	26.1	26	0.1	0.383 142
9	154.25	−14.9	27.4	27.3	0.1	0.364 964
10	154.69	−17.8	26.7	26.6	0.1	0.374 532
11	155.52	−10.6	28.8	29.1	−0.3	−1.041 67
12	156.57	−8.8	29.5	29.6	−0.1	−0.338 98
13	160.54	45.88	11.2	11.2	0	0
14	161.19	31.1	26.8	26.7	0.1	0.373 134
15	161.54	2.07	29.8	29.7	0.1	0.335 57
16	164.28	16.67	29.4	29.2	0.2	0.680 272
17	165.99	37.39	20.6	20.2	0.4	1.941 748
18	166.83	52.54	8.4	8.1	0.3	3.571 429
19	167.53	42.98	12.2	12.3	−0.1	−0.819 67
20	170.12	−5.29	29.9	29.7	0.2	0.668 96
21	170.16	35.78	23.5	24	−0.5	−2.127 66
22	178.70	52.27	7	7	0	0
23	180.90	−56.5	4.9	5.2	−0.3	−6.122 45

图5-9　Kriging插值与实测值比较

5.2.3　等深线温度网格化计算

等深线温度网格化计算用于绘制海表以下10m、50m、100m、150m、200m、250m、300m深度处温度等值线图。类似4.1节方法，对不同渔区，如印度洋（图5-10），定义网格插值精度为1°×1°，采用空间地统计Kriging方法，对选定的深度值处的温度值（如300m深度处温度值），按月在二维空间上插值。

插值后的网格数据，按照不同的渔区，存储在不同的数据表中，印度洋海表以下10m、50m、100m、150m、200m、250m、300m深度处网格化温度值存储在Kriging_india表中（图4-4）。截至目前，数据库Kriging_india表中已存储2 344 296条记录。其他渔区也做了相同的工作，已累计存储3 146 621条记录。

存储后的网格数据，可以通过前端的数据挖掘工具，如matlab2010(a)直接调用，可以通过matlab2010工具箱函数进行图片显示和进一步数据挖掘，如计算10m和200m深度处的温差。图5-11是2011年1月，10m、50m、100m、150m、200m和10～200m温差等温线图。

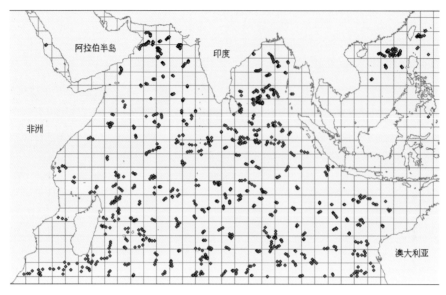

图5-10　Argo浮标在3°×3°网格上的分布

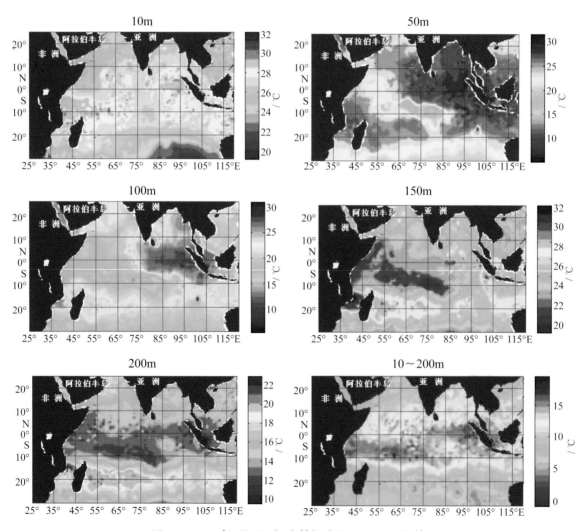

图5-11　2011年1月不同深度等温线和10～200m温差

编制的图像很好地揭示了印度洋地区，从海表以下10m处至200m处的温差变化。海表以下10m处温度等值线表明，1月热带印度洋温度在24℃以上，赤道附近在27℃以上，索马里外海温度相比同纬度偏低。50m处温度和10m处相似，但有一个低温区域在15°S出现。100m处，赤道靠近菲律宾区域，温度依然较高。10m处的低温区域连接到非洲东海岸。200m处温度清晰表明，在纬向上，赤道区域温度最低，15°S附近温度最高，这种情况可能与该区域的海流有关。10～200m温差表明在赤道附近，温差最大。

5.2.4　等温线深度网格化计算

等温线深度网格化计算用于绘制10～18℃处深度等值线图。类似4.1节方法，从SQL Server数据库中的Akima_interpolate_data_2表中，批量提取次表层以下指定的温度处（10～18℃）的深度值，形成一个水平面离散分布的温度数据点集，定义网格插值精度为1°×1°，对不同渔区，如印度洋，对选定的水平深度值，按月在二维空间上插值计算。图5-12是2007年至2010年1月，10～18℃处月平均等深线。

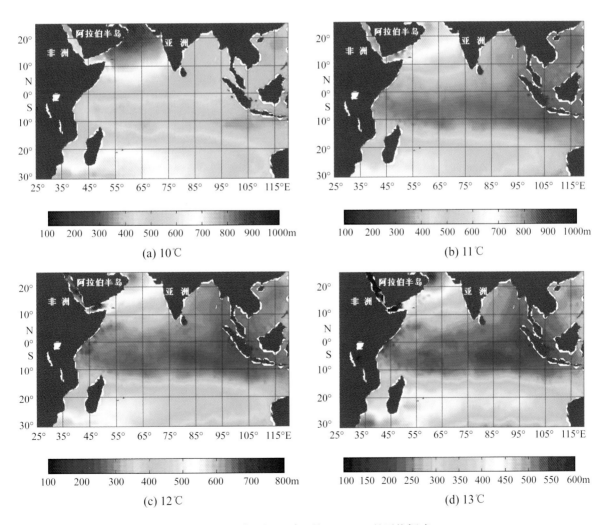

图5-12　2007年至2010年1月10～18℃月平均深度

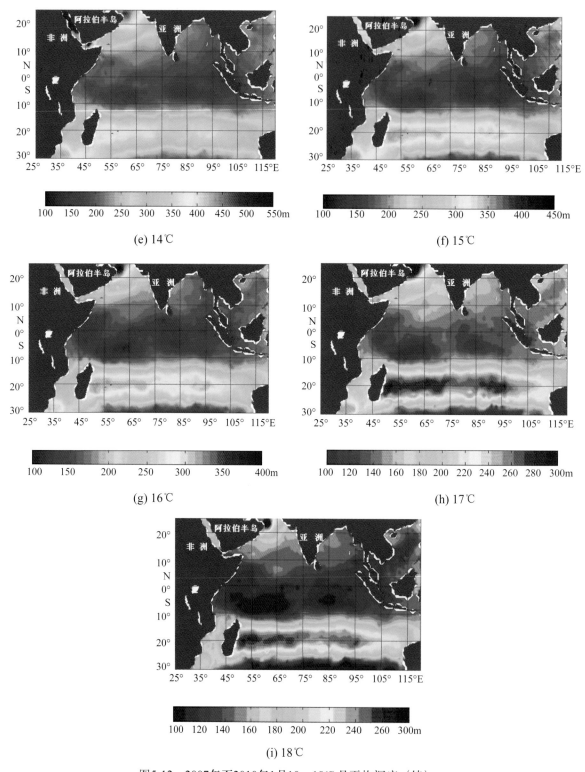

(e) 14℃

(f) 15℃

(g) 16℃

(h) 17℃

(i) 18℃

图5-12　2007年至2010年1月10～18℃月平均深度（续）

图5-12表明由10℃至18℃，深度值逐渐变浅。从空间分布特征来看，1月热带印度洋区域，在纬向上，赤道地区的深度值最低，20°S纬向上深度最大，18℃温度等值线图尤其明显。这种特征刚好与次表层深度温度等值线吻合。在阿拉伯海北部存在一块高值深度值区域。

5.2.5　温跃层特征参数网格化计算

温跃层特征参数网格化计算，用于绘制温跃层上界深度、温度和下界深度、温度等值线图。类似4.1节方法，从SQL Server数据库的thermocline_data表中，提取要计算的二维网格场特征参数，这里我们批量提取温跃层上界深度、温度和下界深度、温度值，形成一个水平面离散分布的温度数据点集（图5-10）。采用空间地统计Kriging方法，对选定的温跃层特征参数，按月在二维空间上插值。图5-13是2007年至2011年1月热带印度洋月平均温跃层特征参数。

1月，温跃层上界温度图像显示一块高温区域，温度在26℃以上，在相同的区域，温跃层下界温度图显示的是一块低温区域。空间上，温跃层上界温度高温区域成45°倾斜，下界温度是水平分布。温跃层下界深度表明在20°S区域，存在一块高值区域，在赤道区域，存在一块椭圆低值区域。温跃层上界深度图表中，阿拉伯海区域深度值最大，其他区域深度值在60m以下。

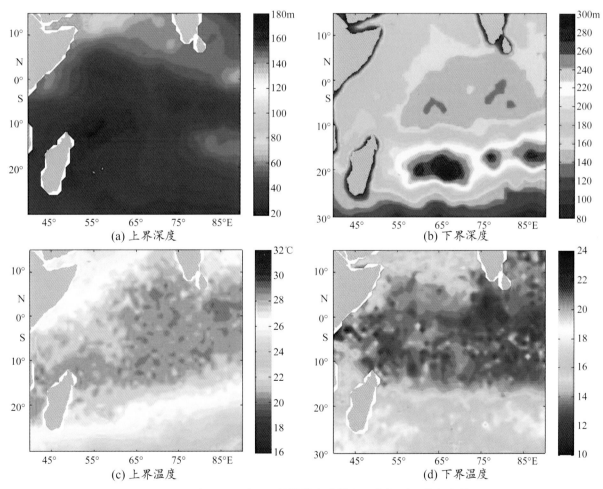

(a) 上界深度　　(b) 下界深度

(c) 上界温度　　(d) 下界温度

图5-13　2007年至2011年1月份热带印度洋月平均温跃层特征参数

5.2.6　7～9℃温差网格化计算

7～9℃温差网格化计算是采用二维插值方法，计算温差网格化信息，绘制等值线图。类似4.1节方法，从SQL Server 2005数据库中的dwd_data表中，通过ODBC调用数据库方式，批量水平空间下温差的温度值和深度值，形成一个水平面离散的温度数据集，定义网格插值精度为1°×1°，对不同渔区，如大西洋，按月在二维空间上插值计算并绘图，图5-14是2007年至2011年1月大西洋月平均7~9℃温差。图5-14显示，在20°N以北区域，温差深度较大，7℃和8℃超过300m，9℃超过500m。在非洲西海岸，温差深度较浅，尤其是几内亚湾及周围海域，深度都在100m以内。在10°S以南区域，7℃温差深度在150~200m；8℃温差深度在200m左右；9℃温差深度在300m左右。

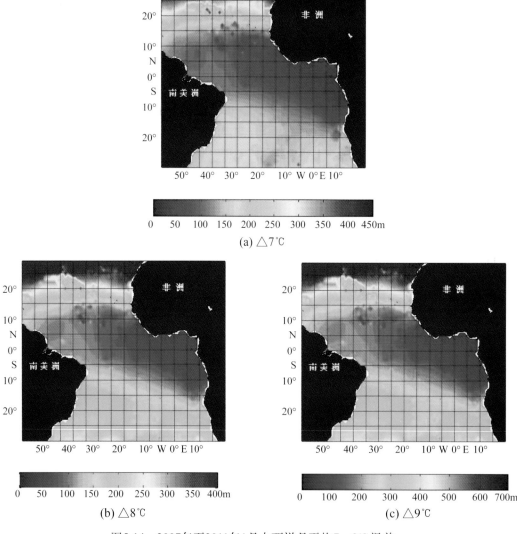

(a) △7℃

(b) △8℃

(c) △9℃

图5-14　2007年至2011年1月大西洋月平均7~9℃温差

5.2.7　混合层温差网格化计算

混合层特征参数网格化计算，用于计算混合层深度、温度等值线信息，绘制等值线图。类似4.1节方法，从SQL Server数据库的mld_data表中sub=3混合层数据，提取要计算的二维网格场特征参数，这里我们批量提取混合层深度、温度值，形成一个水平面离散分布的温度数据点集（图5-10）。采用空间地统计Kriging方法，对选定的温跃层特征参数，按月在二维空间上插值。图5-15是2007年至2012年大西洋混合层深度月平均分布情况。

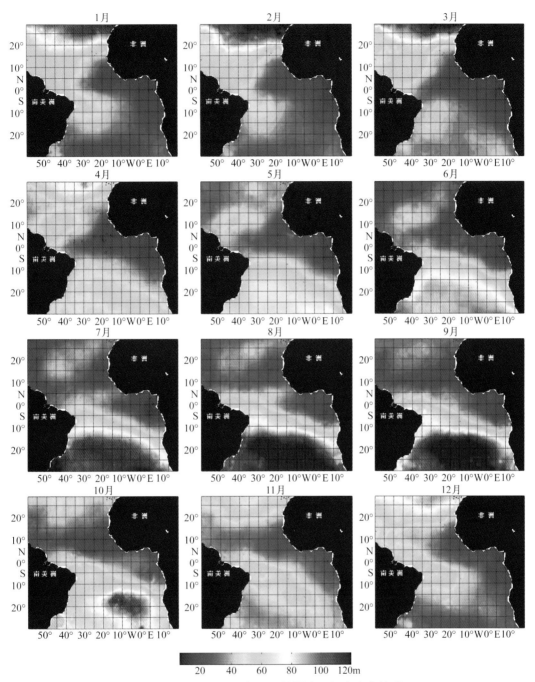

图5-15 2007—2012年月平均混合层深度分布情况

按照Levitus的季节划分，将北半球的季节划分如下：1—3月为冬季，4—6月为春季，7—9月为夏季，10—12月为秋季。图5-15表明在各半球内，温跃层上界月平均深度空间分布呈现出明显的冬深夏浅的季节性分布特征，空间上大致呈纬向带状分布，这可能与海表动力（风、流等）和热力（太阳辐射，蒸发等）因素有关。12月至翌年4月，20°N以北区域深度超过80m，最深的月份超过120m；同期10°S以南区域深度值多低于40m。6—10月则相反，10°S以南带状区域深度值大于80m，其中7—10月都超过110m，同期20°N以北斜向区域深度值小于40m；5月和11月是季节转换月份。南北半球高纬度区域温跃层上界深度值大，在非洲西海岸向外存在一块舌状低值区域。

第6章　Argo数据在金枪鱼渔业资源应用案例

6.1　Argo数据在金枪鱼渔业资源中的应用背景和意义

海洋变量在不同的水层分布是不同的，而延绳钓金枪鱼是在不同深度水层捕获的。以往的研究多采用遥感表层数据分析渔业资源空间分布，而近年研究文献证实，金枪鱼空间—垂直分布主要受次表层环境因子影响。因此有必要综合分析表层以下各水层海洋环境因子对金枪鱼空间—垂直分布的影响机理，得出影响金枪鱼空间—垂直分布的关键环境参数的空间分布、季节变化特征和对金枪鱼渔业资源分布影响机制。

Argo计划完成以后，Argo浮标每年将可以提供多达10万个海水温度、盐度和溶解氧剖面资料，大面积覆盖的三维环境数据库，为我们估算海洋中尺度活动过程，并应用于渔业资源分析提供了可能。金枪鱼白天觅食时会快速下潜到温跃层以下，次表层环境会直接影响金枪鱼白天索饵时的垂直分布，间接影响延绳钓投钩的深度。通过金枪鱼游动习性和环境生境利用，采用Argo数据构建海洋次表层中尺度环境结构场，由次表层海洋环境反演金枪鱼适宜的空间—垂直分布区间，分析延绳钓金枪鱼空间—垂直时空分布具有重要的理论意义和实际应用价值。

6.2　Argo浮标数据在远洋金枪鱼渔业资源中的应用

在前面的第1至第5章中，介绍了Argo浮标数据文件格式，对Argo浮标数据的漂流时间周期、在大洋中的水平空间和垂直分布进行了分析；就如何管理Argo浮标数据，介绍了Argo数据库的构建、命名和数据库管理，在此基础上统一时空分析平台，采用前端的数据挖掘工具，如ArcGIS，matlab2012（b）工具，通过ODBC方式调用SQL Server 2005工具里Argo数据库内的浮标数据，进行Argo数据的初次挖掘和再次挖掘，计算次表层环境网格化产品数据，采用matlab软件工具调用Argo数据库抽取等值线数据进行渔场环境分析和作图。至此，能通过离散分布的Argo数据，结合各种软件工具，得到渔场区域次表层环境信息，但本质上还是对Argo数据本身的分析，还没有把得到的次表层环境信息应用于渔业资源分析、渔场变动和中心渔场预报研究工作。

次表层环境信息是表层遥感数据很好的补充，本章将介绍Argo浮标数据在远洋金枪鱼渔业资源中的应用，以印度洋海域为研究区域，具体的研究方法路线见图6-1。流程图分为3个部分：第一部分概括为时空数据库建设；第二部分概括为数据库数据挖掘；第三部分概括为空间统计分析，具体如下。

6.2.1　统一时空数据分析平台

在已有的热带印度洋金枪鱼延绳钓渔获数据和Argo数据基础之上，完善多层次空间信息网格系统；经过信息提取、数值计算和数据挖掘，建立延绳钓金枪鱼生产信息和Argo产品资料的空间数据集；统一时空口径分析，通过将延绳钓数据和计算得到的次表层关键环境特征参数综合覆盖至目标研究区域的空间网格上，构建延绳钓金枪鱼单位捕捞努力量渔获率（CPUE）与次表层环境变量和温跃层特征参数的空间数据库。

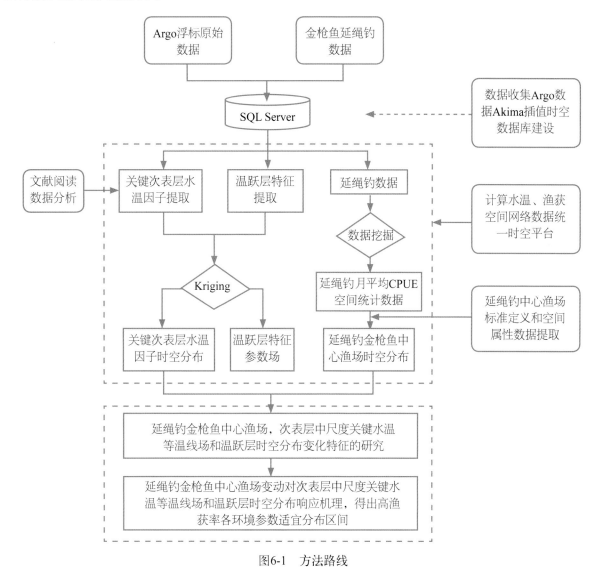

图6-1 方法路线

6.2.2 基于栅格数据结构的空间数据存储和数据挖掘

采用Akima插值方法，将离散不规则的Argo数据，在垂直方向插值到规则的节点上，以方便环境因子值的深度提取。在Akima垂直基础上，提取次表层关键环境因子深度值和温跃层特征参数值，采用Kriging插值方法，进行网格化计算。同时为方便数据管理和保证数据处理的质量，提高数据挖掘和分析的效率，对项目所用的印度洋金枪鱼延绳钓渔获数据、计算提取的海洋次表层中尺度环境数据和温跃层特征数据，在空间、属性上尽量统一存储，按相同的时间和地点进行匹配与分类汇总。采用SQL Server 2005数据库对空间数据与属性数据进行管理，并使用其Analysis Services的BI分析框架，对数据进行ETL抽取和整理，在此基础之上集成前端数据挖掘分析工具，如ArcGIS、matlab2010(a)等，对数据库进行访问和操作管理。

6.2.3 空间统计分析方法

采用经典的统计分析方法以及空间分析方法（全局和局部空间自相关统计、贝叶斯统计、Kriging插值等），定性、定量地研究和探讨次表层关键水温因子和温跃层三维空间变化特征及关联原理，分析延绳钓金枪鱼中心渔场适宜的次表层水温和温跃层空间—垂直分布区间，及其对中心渔场的空间分布影响机理。基于GIS技术，进行各种层次的空间分析，如传统的空间统计方法、空间叠加方法和空间多元分析方法。

最后归纳方法路线总的研究思路，即采用Argo温度数据，通过数值方法计算大眼金枪鱼和黄鳍金枪鱼渔场海域次表层水温和温跃层特征参数，以及次表层指定深度处等温线图，定性和定量分析金枪鱼渔场水域温跃层和等温线场季节性分布特征和变化规律，在二维空间上帮助寻找分析中心渔场次表层海况信息季节性分布规律。绘制指定温度值处等深线图，在空间上和金枪鱼CPUE数据进行叠加，从中尺度、月平均的角度，分析热带大洋温跃层、次表层热量的时空分布和大眼金枪鱼中心渔场时空分布关系，通过数值方法计算金枪鱼适宜的次表层环境参数范围，得出金枪鱼适宜的栖息三维空间分布。

6.3 金枪鱼数据库构建

金枪鱼作为高度洄游性经济鱼种，目前有5个区域性金枪鱼组织对其进行管理。按照其成立的时间先后顺序，这5个组织见表6-1。

表6-1 世界金枪鱼组织介绍

中文名称	英文名称	成立时间	官方网站
美洲间热带金枪鱼委员会	Inter-American Tropical Tuna Commission (IATTC)	1949年制定公约，1950年成立该委员会	www.iattc.org
养护大西洋金枪鱼国际委员会	International Commission for the Conservation of Atlantic Tunas (ICCAT)	1969年公约生效	www.iccat.es
南方蓝鳍金枪鱼养护委员会	Commission for the Conservation of Southern Bluefin Tuna (CCSBT)	1994年公约生效	www.ccsbt.org
印度洋金枪鱼委员会	Indian Ocean Tuna Commission (IOTC)	1996年公约生效	www.iotc.org
中西部太平洋渔业委员会	Western and Central Pacific Fisheries Commission (WCPFC)	2004年公约生效	www.wcpfc.int

由于全球总体捕捞金枪鱼强度的增加，IUU船（非法、不报告、无管理的船）过度捕捞及频繁地更换其注册国。各区域渔业管理组织相继通过了一系列限制措施，这些措施包括限制使用港口、实施贸易制裁、偿还非法捕捞产量、实施配额管理等。同时，各区域组织力求通过由船旗国政府通报其批准作业渔船情况、签署产地证书等方式加大船旗国政府对其在公海作业渔船的管理力度。中国是ICCAT、IOTC、WCPFC的成员，是IATTC的合作非缔约方。因我国没有渔船捕捞南方蓝鳍金枪鱼，目前我国与CCSBT尚无合作关系。

各金枪鱼委员会都实施金枪鱼捕捞的配额管理，渔船捕捞的产量数据都要上报到相应的委员会，金枪鱼委员会把捕捞数据按照一定规范进行处理，并把数据发布在委员会的官方网站。捕捞数据一般按格网管理，位置用经纬度坐标分象限记录，经纬度坐标系由赤道（纬度0°）和过格林尼治的经线（经度0°）划分为4个象限。以IOTC的捕捞数据分析为例，在数据表中有一个QuadID字段，见图6-2，区分位置的象限（1-NE、2-SE、3-SW、4-NW）。

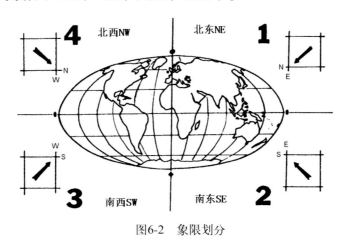

图6-2　象限划分

印度洋金枪鱼所有的数据可以通过其官网下载（http://www.iotc.org/English/data/databases.php ），下载页面见图6-3。

> ✖ · Nominal Catch
> Nominal catches are available in spreadsheet format (Microsoft excel) both for IOTC species and sharks.
> Please, refer to the worksheet NOTES within the downloadable spreadsheet if you want to use this dataset.
>
> NC data for IOTC species and main shark species:click here (excel files or zipfile) to download the
> spreadsheets 1950-2010 series, (last updated on 09-05-2012)
>
> NC data for sharks: click here to download the spreadsheets 1950-2008 series, (last updated on 25-05-2011)
> ✖ · Fishing craft statistics
> Fishing craft statistics are available in spreadsheet format.
>
> FC data: click here to download the 1970-2010 (last updated 25-05-2012)
> ✖ · Detailed catalogues of C/E and SF data
> CE data are available in text (CSV) format. Please, refer to the detailed CE reference if you want to use this
> dataset.
>
> CE purse seine and bait boat: Click here to download the 1950-2010 text file based data (last updated on
> 23-05-2012)
>
> CE long line: Click here to download the 1950-2010 text file based data (last updated on 23-05-2012)
>
> CE other including available gillnet, troll line, hand line, trawl and other gears data: Click here to download
> the 1950-2010 text file based data (last updated on 23-05-2012)
>
> Click here to download the above CE files all in one go.
>
> SFreference: Please refer to the detailed SFrefrence.xls if you want to use these datasets.
>
> Detailed SF data are not presented for download. Please contact the Secretariat if you need any of the
> available datasets.

图6-3　印度洋金枪鱼下载页面

通过该页面可下载不同作业方式的名义捕捞数据，如最后一行提供下载所有延绳钓的捕捞数据，文件名为CELL，时间序列为1950—2010年，最后一次更新时间为2013年5月23日。CE_Reference

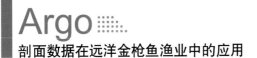

是对CELL数据的说明下载的数据字段有：年月、投钩数、黄鳍金枪鱼尾数、黄鳍金枪鱼产量、大眼金枪鱼尾数、大眼金枪鱼产量、长鳍金枪鱼尾数、长鳍金枪鱼产量、南方蓝鳍金枪鱼尾数、南方蓝鳍金枪鱼产量、剑鱼尾数、剑鱼产量、黑皮旗鱼尾数、黑皮旗鱼产量、蓝枪鱼尾数、蓝枪鱼产量、条纹枪鱼尾数、条纹枪鱼产量、帆鱼尾数、帆鱼产量、其他旗鱼类尾数、其他旗鱼类产量、其他类金枪鱼尾数、其他类金枪鱼产量、非目标鱼种尾数、非目标鱼种产量、空间分辨率、作业纬度、作业经度、作业船队、作业类型。数据属性介绍见表6-2 。

表6-2　印度洋金枪鱼延绳钓数据属性介绍

字段名	字段类型	字段长度	小数位数	备　注
作业经度	数字	单精度	2	0～360，从东经起算，如西经160°应为360－160=200
作业纬度	数字	单精度	2	－90～90，南纬为负
空间分辨率	数字	整型		1表示经纬度1×1；5表示经纬度5×5，起点为 4北西NW 北东NE1 3南西SW 南东SE2
作业日期	日期/时间			年/月（全球只有按月数据）
大眼金枪鱼产量	数字	双精度	2	单位：t
大眼金枪鱼尾数	数字	整型		
黄鳍金枪鱼产量	数字	双精度	2	单位：t
黄鳍金枪鱼尾数	数字	整型		
长鳍金枪鱼产量	数字	双精度	2	单位：t
长鳍金枪鱼尾数	数字	整型		
南方蓝鳍金枪鱼产量	数字	双精度	2	单位：t
南方蓝鳍金枪鱼尾数	数字	整型		
剑鱼产量	数字	双精度	2	单位：kg
剑鱼尾数	数字	整型		
黑皮旗鱼产量	数字	双精度	2	单位：kg
黑皮旗鱼尾数	数字	整型		
蓝枪鱼产量	数字	双精度	2	单位：kg

续表

字段名	字段类型	字段长度	小数位数	备　　注
蓝枪鱼尾数	数字	整型		
条纹枪鱼产量	数字	双精度	2	单位：kg
条纹枪鱼尾数	数字	整型		
帆鱼产量	数字	双精度	2	单位：kg
帆鱼尾数	数字	整型		
其他旗鱼类产量	数字	双精度	2	单位：kg
其他旗鱼类尾数	数字	整型		
其他类金枪鱼产量	数字	双精度	2	单位：kg
其他类金枪鱼尾数	数字	整型		
非目标鱼种产量	数字	双精度	2	单位：kg
非目标鱼种尾数	数字	整型		
投钩数	数字	整型		
作业类型	文本	10		中文名称
作业船队	文本	20		

下载后的文件格式是excel，可以将该数据直接导入到SQL Server 2005数据库，结合Argo数据，统一时空口径分析，为进一步的金枪鱼生物习性研究提供强大的数据库支撑平台。

6.4　热带印度洋大眼金枪鱼和黄鳍金枪鱼渔场水温垂直结构的季节变化

中上层鱼类的栖息水层，在很大程度上取决于水温的垂直结构。许多鱼类有昼夜垂直移动的习性，而温跃层像一道天然屏障，影响着鱼类的上下移动和生活习性（陈新军，2004）。在印度洋热带水域中，黄鳍金枪鱼（*Thunnus albacares*）生活在温跃层之上的水域，受垂直温度变化影响大；大眼金枪鱼喜好在温跃层顶部及其以下摄食（陈新军，2004；Holland et al.，1990），当温跃层下界深度变浅,大眼金枪鱼（*Thunnus obesus*）栖息深度也变浅，垂直运动范围受限，大眼金枪鱼分布较集中，使可捕量和渔获率增加（PFRP，1999），因此水温的垂直结构分布在印度洋金枪鱼渔场的形成中是极为重要的关键因素。对金枪鱼作业渔场垂直水温和温跃层大面积获取以及时空变化特征分析，在远洋渔业资源研究中非常重要，但由于遥感数据的缺陷，远洋渔业研究未见该方面报道。这里采用Argo温度数据，通过数值方法计算印度洋大眼金枪鱼和黄鳍金枪鱼渔场海域（20°—120°E，25°N至30°S）次表层水温和温跃层特征参数，分析金枪鱼渔场水域温跃层季节性分布特征和变化规律，了解印度洋大眼金枪鱼和黄鳍金枪鱼主要作业渔场温跃层上界温度、深度和垂直温差时空变化特征。为金枪鱼实际生产作业及渔业资源的养护和管理提供参考。

6.4.1 分析方法

采用Akima插值方法将深度上分布不均匀的Argo浮标剖面温度资料，等距插值到规则深度层上，垂直等距间隔为2m，并计算温度剖面的梯度。选择温度垂直梯度法进行温跃层的判定，据此提取单点剖面处温跃层特征参数（温跃层上界深度、温度和温跃层下界深度、温度）。将次表层温度（10m, 200m）和温跃层上界深度、温度等剖面数据按月分组，采用地统计方法将其插值到网格节点上（1°×1°），再以填色等值线作图方式显示。水下10m至水下200m温差用于描述温度梯度。插值方式对每个待估的网格节点计算变异函数，使用Kriging方法插值弥补；采用圆形搜索方式，规定可用于插值的搜索点个数最少为25个。具体的数值计算方法和公式参见第5章。

6.4.2 水温垂直结构的季节变化

水下10～200m垂直温差各月月平均分布见图6-4，10°S纬线方向将水下0～200m垂直温度分成南北两部分，都有明显的季节性特征。10°S以南区域，垂直温差小于10℃，夏季季风（6月—10月）的温度低于冬季季风（12月至翌年4月）的温度；10°S以北区域，垂直温差大于10℃，夏季季风的高温区域面积大于冬季季风的高温区域面积。阿拉伯海区域，全年垂直温差较小。在印度洋暖池下面，尤其在赤道东部区域，垂直温差很大。和阿拉伯海不一样，包含在暖池里面的孟加拉湾垂直温差也非常显著。在7—9月期间，索马里沿岸同样能看到索马里寒流特征。

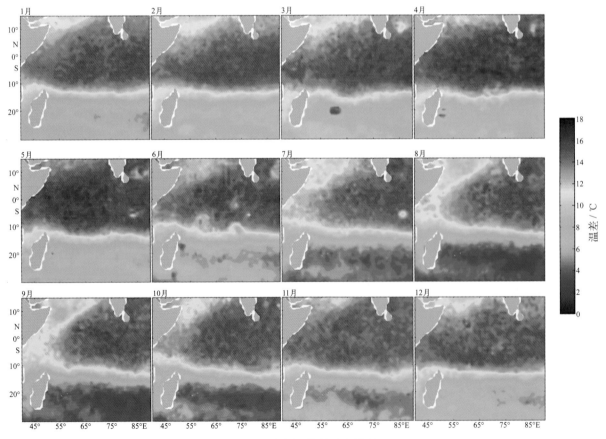

图6-4　垂直温差月分布情况

6.4.3　温跃层上界的季节变化

各月温跃层上界深度分布见图6-5。夏季季风期间的温跃层上界深度比冬季季风期间的更深，与印度洋区域海流的季节性变化有关。在15°—25°S纬向区域，存在一温跃层上界深度较深的区域，季节性变化明显，5月逐渐变深，8月和9月达到全年最深至150m，之后逐渐变浅至翌年1月约30m。这是由该区域北部自东向西流动的南赤道暖流和南部自西向东的南印度洋流辐聚作用的结果。相比其他水域，在10°S至赤道纬向区域，尤其是在西部，常年存在一块温跃层上界深度较浅的地方。这是由该区域顺时针南赤道流和赤道逆流、赤道射流共同作用的结果。一年中，阿拉伯海域夏季季风期间，温跃层上界深度会相对变深，等值线闭合形成顺时针回旋。在其他月份，表现为相对不深的温跃层和离岸密集的等值线，这与该区域上升流有关。1月和2月在阿拉伯海北部，图片还显示相对较深的温跃层上界深度。

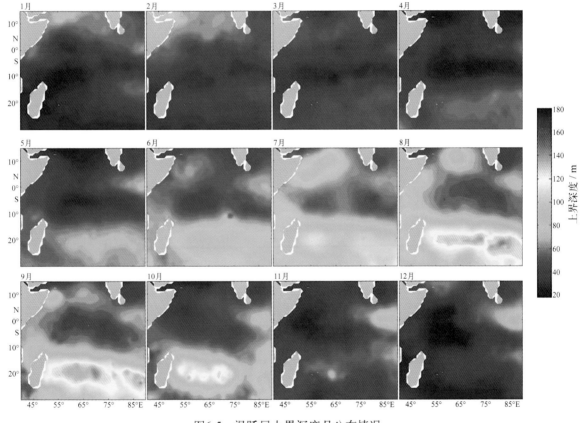

图6-5　温跃层上界深度月分布情况

各月温跃层上界温度分布见图6-6。总体而言，温跃层上界深度深的地方温度低。在10°S以北水域，温跃层上界深度都相对较浅，海洋表层热量容易传输到温跃层上界深度，从表层至温跃层上界深度温度常年变化不大。2—5月期间，在阿拉伯海东南和孟加拉湾西南形成大面积的暖水区，在太阳持续增强的加热下，至5月温度超过30℃，此后该区域稳定逐渐冷却。在阿拉伯海西部冷却较快，在孟加拉湾温度变化很小。一年大部分时间，阿拉伯海温跃层上界温度变化范围在25～30℃之间，孟加拉湾温跃层上界温度变化幅度为1～2℃。在7—9月期间，15°—25°S纬向区域因温跃层上界深度较深，从表层至温跃层上界深度温度变化相对较大，上界温度显著变低，直到11月。同样在7—9月期间，索马里沿岸的温跃层上界温度比其他月份要低，对比外海形成一条明显的带型区域，这是由同期形成的索马里寒流作用形成的。

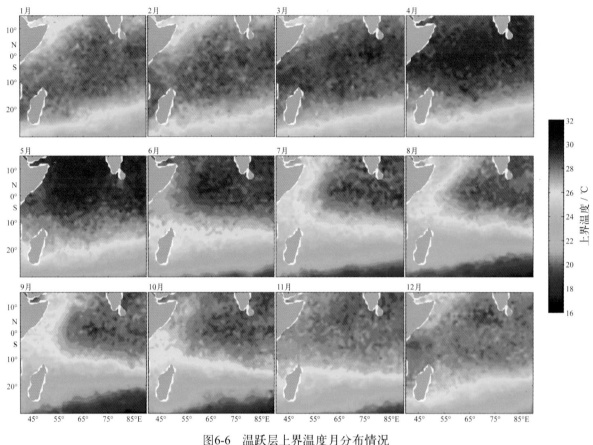

图6-6　温跃层上界温度月分布情况

6.4.4　结论

印度洋温跃层上界深度、温度和10～200m温差存在明显的季节性变化。5—9月在15°—25°S纬向区域存在一块季节性较深的温跃层上界深度区域；在20°S以南海域，12月至翌年4月温跃层上界深度非常浅；在15°S至赤道纬向区域，尤其是在西部，常年存在一块温跃层较浅的区域。总体而言，温跃层上界深度较深的地方温度相对较低，2—5月期间，在阿拉伯海东南和孟加拉湾西南形成一块大面积的暖水区；7—9月期间，在15°—25°S，纬向区域因温跃层上界深度较深，从表层至温跃层上界深度温度变化相对较大，温跃层上界温度较低。在20°S以南，温跃层上界温度常年都很低。10°S纬线方向将水下10～200m垂直温度分成南北两部分，10°S以南部分及以北部分海区的垂直温差分别大于和小于10℃。

6.5　热带印度洋黄鳍金枪鱼渔场时空分布与温跃层关系

黄鳍金枪鱼是世界远洋金枪鱼渔业主捕对象之一，它大部分时间在混合层内部，偶尔在温跃层上界以下，受温度梯度影响大（Holland et al., 1990; Brill et al., 1999; Dagorn et al., 2006）。影响黄鳍金枪鱼的渔获率环境因子很多，但有关温跃层特征参数的时空分布和黄鳍金枪鱼的渔场分布的关系少有报道。这里采用Argo浮标剖面温度数据重构热带印度洋（20°—120°E，30°S至25°N）各月平均温跃层特征参数，结合印度洋金枪鱼委员会（IOTC）黄鳍金枪鱼延绳钓数据，通过绘制月平均温跃层特征参数和月平均CPUE的空间叠加图，最后分析得出热带印度洋黄鳍金枪鱼渔场时空分布和温跃层特征参数的关系，找出印度洋黄鳍金枪鱼最适宜栖息的温跃层特征参数范围。

6.5.1　材料与方法

采用Akima插值方法将深度上分布不均匀的Argo浮标剖面温度资料，等距插值到规则深度层上，垂直等距间隔为2m，并计算温度剖面的梯度。选择温度垂直梯度法进行温跃层的判定，据此提取单点剖面处温跃层特征参数（上界深度、温度和下界深度、温度）。

将2007—2011年所有温跃层特征参数按月分组，采用空间地统计分析方法将其插值到网格节点上（1°×1°），再以填色等值线作图方式显示。插值方式对每个待估网格节点计算变异函数，使用Kriging方法插值弥补，为与捕捞数据匹配，将温跃层特征参数平均到5°×5°网格上。

黄鳍金枪鱼渔业生产数据来自于印度洋金枪鱼委员会（IOTC）。渔业数据包括作业日期、地点（经度、纬度）、放钩数、渔获产量、渔获尾数。数据统计的空间分辨率为5°×5°，时间分辨率是月。采用1991—2009年黄鳍金枪鱼延绳钓数据，这期间金枪鱼渔业捕捞规模趋于稳定。每5°×5°统计方格内单位捕捞努力量渔获量（CPUE，单位：尾/千钩）计算公式为：

$$CPUE_{(i,j)} = \frac{N_{fish(i,j)} \times 1000}{N_{hook(i,j)}}$$ (6-1)

式中，$CPUE_{(i,j)}$，$N_{fish(i,j)}$，$N_{hook(i,j)}$分别是第i个经度、第j个纬度处方格的月平均CPUE，总渔获尾数和总投钩数。公式（6-1）可以消除投影后低纬度和高纬度网格大小不同带来的影响。

把CUPE数据按月分别与温跃层上界深度、温度和温跃层下界深度、温度进行匹配，在空间上进行数据叠加，绘制CPUE和温跃层特征参数叠加后的时空分布图，并分析CPUE、温跃层特征参数时空分布特征。最后定量分析黄鳍金枪鱼渔场和温跃层特征参数关系，找出渔场温跃层参数变化范围。

黄鳍金枪鱼最适温跃层特征参数分别通过频次分析和经验累积分布函数(ECDF Empirical cumulative distribution function)得到，温度和深度间隔分别是1℃、10m。计算与高值CPUE对应温跃层特征参数的平均值和均方差及最适温跃层特征参数区间（平均值±均方差）；计算高值CPUE和温跃层特征参数经验累积分布函数及最适温跃层特征参数区间（最大$D(t)$处参数值±均方差）。ECDF方法如下：

$$f(t) = \frac{1}{n}\sum_{i=1}^{n} l(x_i)$$ (6-2)

其中，$l(x_i) = \begin{cases} 1 & x_i \leqslant t \\ 0 & x_i > t \end{cases}$

$$g(t) = \frac{1}{n}\sum_{i=1}^{n} \frac{y_i}{y} l(x_i)$$ (6-3)

$$D(t) = \max | g(t) - f(t) | \tag{6-4}$$

式中，$f(t)$经验累积频率分布函数，$g(t)$是高值CPUE权重经验累积分布函数，$l(x_i)$是分段函数，$D(t)$是时刻$f(t)$，$g(t)$差的最大绝对值，用K-S检验方法检验。n为资料个数；t为分组环境因子值；x_i为第i月环境因子值；y_i为第i月月平均CPUE；$\bar{y}$为平均CPUE的平均值；根据给定的显著水平a，采用K-S检验统计量。

6.5.2 温跃层上界深度和黄鳍金枪鱼渔场时空分布关系

温跃层上界深度分布特征见6.3节。在15°—25°S纬向区域，CPUE值在东北季风期间偏低，在西南季风期间则有大片高值CPUE渔区。在东北季风期间的高值CPUE渔区，温跃层上界深度分布范围主要在30~40m，温跃层上界深度超过70m的渔区，CPUE值普遍偏低。在西南季风期间的高值CPUE渔区，温跃层上界深度分布范围变大，最深至120m。

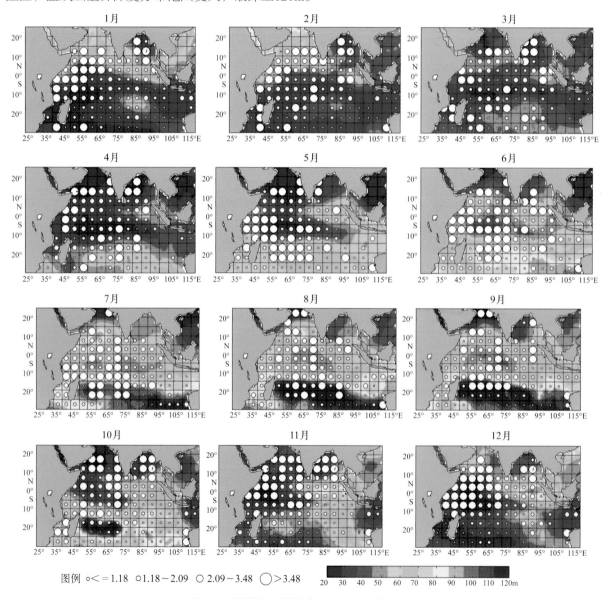

图6-7 温跃层上界深度和CPUE空间叠加

6.5.3　温跃层下界深度和黄鳍金枪鱼渔场时空分布关系

温跃层下界深度分布（图6-8）显示了季节性分布特征，与上界深度分布特征类似，夏季季风期间的下界深度比冬季季风期间更深。在15°—25°S纬向区域，同样存在一块温跃层下界深度较深的区域，季节性变化显著，5月逐渐变深，8月和9月达到全年最深，深度值为350m，之后随着时间推移，深度值变浅，最浅深度值为250m。在低纬度区域，常年存在一块温跃层下界深度较浅的地方。

在10°S—15°N和40°—70°E的外海里，温跃层下界深度在200m以内，此处全年CPUE值都较高。在东北季风期间孟加拉湾有高值CPUE出现的区域，温跃层下界深度亦在200m以内。在西南季风期间，在10°—25°S、55°—80°E的长带型海域中，温跃层下界深度常年较深（超过250m），该区域在东北季风期间则很少有高值CPUE出现。而在西南季风期间，高值CPUE渔区的温跃层下界深度最深达到300m。在澳大利亚西北海岸高值CPUE出现的月份，温跃层下界深度在250m左右。在阿拉伯海北部出现高值CPUE的月份，温跃层下界深度在150m以内。全年在印度洋温跃层下界深度低于120m的渔区，印度洋黄鳍金枪鱼CPUE值普遍较低。

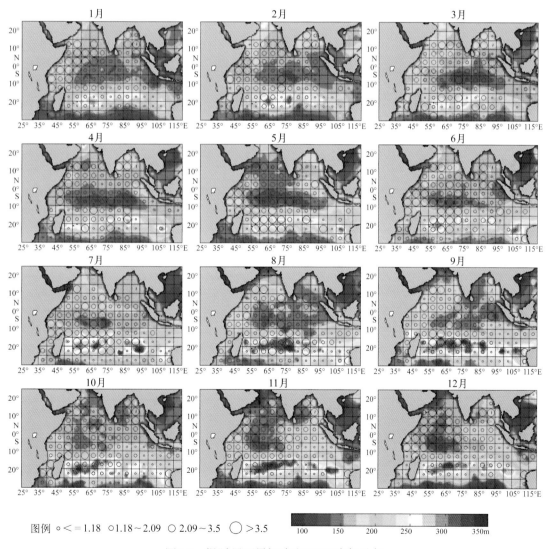

图例 ∘<=1.18　○1.18~2.09　◯2.09~3.5　◯>3.5

100　150　200　250　300　350m

图6-8　温跃层下界深度和CPUE空间叠加

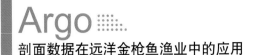

6.5.4 温跃层上界温度和黄鳍金枪鱼渔场时空分布关系

温跃层上界温度分布特征见6.3节。在西南季风期间,温跃层上界温度高温区域(≥27℃)出现收缩,高值CPUE区域相应出现收缩。在7—9月期间,索马里外海的温跃层上界温度比其他月份要低(24～25℃),形成一条明显的带型区域,对应的CPUE值偏低。在东北季风期间,高值CPUE渔区对应的温跃层上界温度都超过25℃,温度小于24℃的渔区CPUE值普遍较低,温度低于22℃时几乎没有渔获;在西南季风期间,高值CUPE区域对应的温跃层上界深度范围变大,相对应的温跃层上界温度范围也变大,温跃层上界温度延伸到22℃,在22℃以下渔区CPUE值都低于Q2(2.09尾/千钩)。

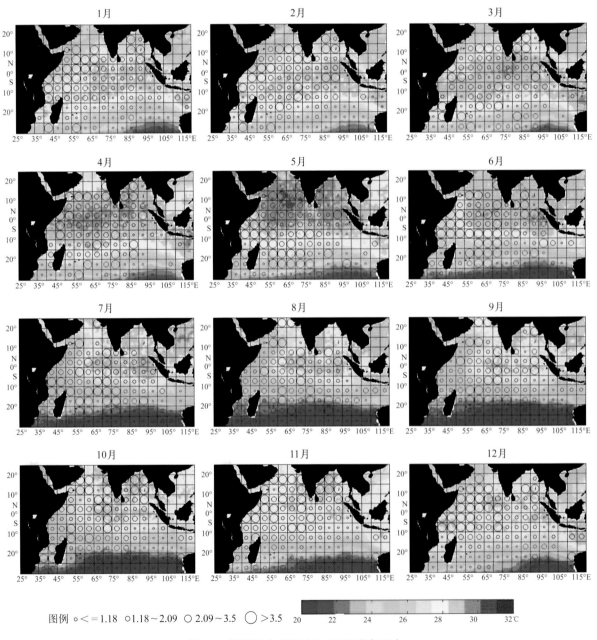

图例 ∘<=1.18 ○1.18～2.09 ○2.09～3.5 ◯>3.5

图6-9 温跃层上界温度和CPUE空间叠加

6.5.5　温跃层下界温度和黄鳍金枪鱼渔场时空分布关系

温跃层下界温度各月空间分布变化不大，温度分布在10～20℃之间，主要分布特征为，在10°S至10°N纬向区域，下界温度值低，在12～14℃，两侧纬向区域，下界温度值高。东北季风期间，高值CPUE渔区温跃层下界温度在12～16℃之间。在西南季风期间，高值CUPE区域对应的温跃层下界深度范围变大，对应的温跃层上界温度范围也变大，温跃层下界温度延伸到19℃。

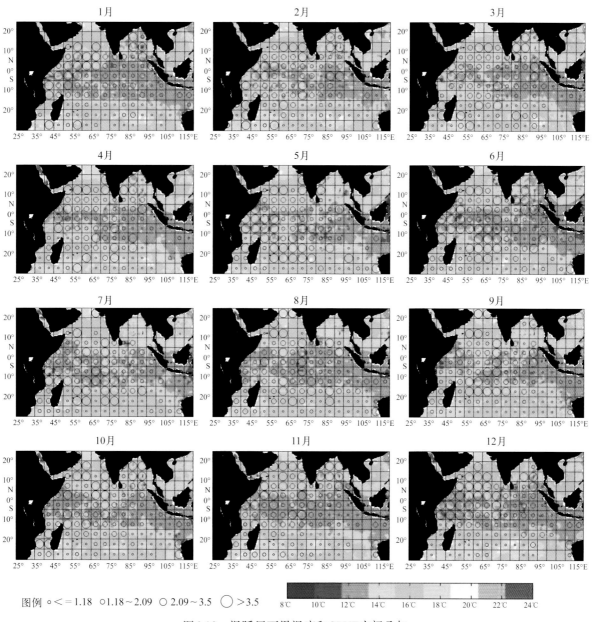

图例 ○<＝1.18　○1.18～2.09　○ 2.09～3.5　◯ >3.5

图6-10　温跃层下界温度和CPUE空间叠加

6.5.6 黄鳍金枪鱼最适温跃层特征范围

黄鳍金枪鱼延绳钓渔获数据的高值CPUE所在区域温跃层上界温度在19.4～30.2℃［图6-11(a)］之间，大多数高值CPUE区域温跃层上界温度在25.5～29℃（27.2℃±1.7℃）之间（占比83%），在渔场区高值CPUE趋向于集中在温跃层上界温度27.2℃。高值CPUE所在区域温跃层下界温度范围在11.9～18.9℃之间［图6-11(b)］，高值CPUE的区域温跃层下界温度主要在13～16℃（14.5℃±1.5℃）之间（占比83%），趋向于集中在温跃层下界温度14.5℃区域。高值CPUE所在区域温跃层上界深度范围在19～116m之间［图6-11(c)］，高值CPUE区域温跃层上界深度主要在34～66m（50m±16m）之间（占比81%）。高值CPUE所在区域温跃层下界深度范围在83～315m之间［图6-11(d)］，高值CPUE的区域温跃层下界深度主要在145～215m（180m±35m）之间（占比75%），趋向于集中在温跃层下界深度170m区域。

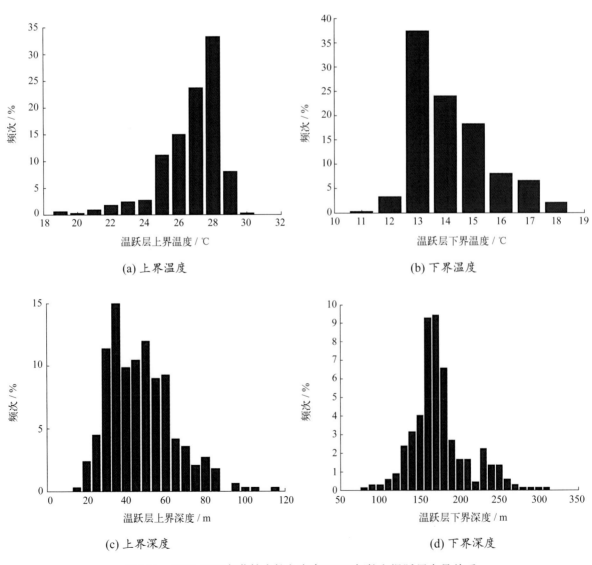

(a) 上界温度

(b) 下界温度

(c) 上界深度

(d) 下界深度

图6-11　1991-2009年黄鳍金枪鱼高产CPUE频数和温跃层变量关系

ECDF分析结果见图6-12，4个温跃层参数和高值CPUE累积分布各不相同。K-S检验结果表明高值CPUE和4个参数有密切关系，服从同一分布。高值CPUE区域温跃层各参数值最适区间分别为上界温度（27.8℃±1.5℃）［图6-12(a)］；下界温度（14.1℃±1.4℃）［图6-12(b)］；上界深度（45m±16m）［图6-12(c)］；下界深度（167m±35m）［图6-12(d)］。最大$D(t)$处温跃层参数值和频次分析的平均值稍有不同。

综合分析上述结果，得出高值CPUE区域温跃层各参数值最适区间，分别是上界温度范围为25～29℃；下界温度为13～16℃；上界深度为30～70m；下界深度为140～200m。

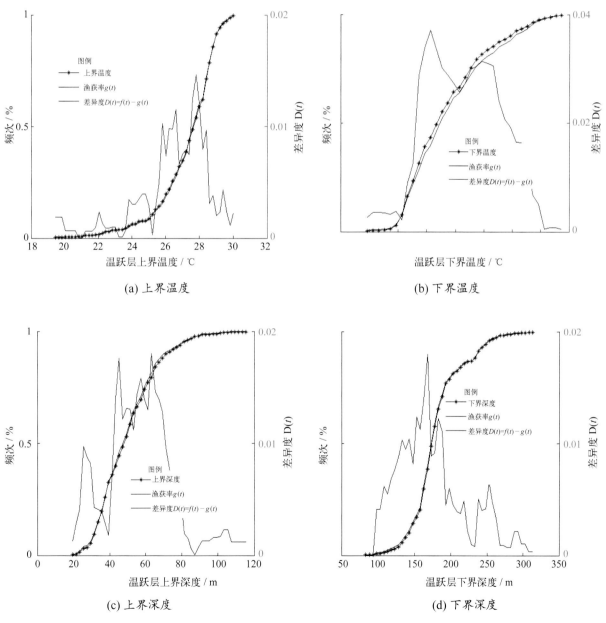

(a) 上界温度

(b) 下界温度

(c) 上界深度

(d) 下界深度

图6-12　1991~2009年黄鳍金枪鱼高产CPUE频数，温跃层变量关系经验累积分布函数

6.5.7 结论

热带印度洋温跃层上界深度、温度和下界深度，以及黄鳍金枪鱼中心渔场分布都具有明显的季节性变化特征，黄鳍金枪鱼中心渔场分布与温跃层季节性变化有关。在东北季风期间，高值CPUE渔区的温跃层上界深度的范围为30～40m，超过70m的渔区CPUE值普遍偏低；在西南季风期间温跃层上界最深达到120m。在东北季风期间，高值CPUE渔区温跃层下界深度不超过200m，在西南季风期间，深度会超过300m。在东北季风期间，高值CPUE渔区对应的温跃层上界温度都超过25℃，温度小于24℃的渔区CPUE值普遍较低；在西南季风期间，高值CPUE区域对应的温跃层上界温度范围变大，温跃层上界温度延伸到22℃，在22℃以下渔区CPUE值都很低。采用频次分析和经验累积分布函数计算其最适温跃层特征参数分布，得出黄鳍金枪鱼最适的温跃层上、下界温度范围分别为25～29℃和13～16℃；其上、下界深度范围分别为30～70m和140～200m。

6.6 热带印度洋大眼金枪鱼渔场时空分布与温跃层关系

大眼金枪鱼喜欢在温跃层顶部及其以下摄食，当温跃层下界深度变浅，大眼金枪鱼栖息深度也变浅，垂直运动范围受限，大眼金枪鱼分布较集中，使可捕量和渔获率增加。由于大眼金枪鱼垂直分布与水温垂直结构关系密切，国内外学者对印度洋大眼金枪鱼的垂直分布及其与水温垂直结构和温跃层的关系做了大量研究（Schaefer.2009）。过去分析中采用的环境数据多是调查数据，分析都是基于点而不是大面积的。由于难以获得大面积次表层水温信息，对大眼金枪鱼作业渔场垂直水温、温跃层时空变化特征和大眼金枪鱼渔场时空分布关系报道较少。这里采用Argo浮标剖面温度数据重构热带印度洋（20°—120°E，30°S至25°N）各月平均温跃层特征参数，并结合印度洋金枪鱼委员会大眼金枪鱼延绳钓渔业数据，通过绘制的月平均温跃层特征参数和月平均CPUE的空间叠加图，来分析印度洋温跃层季节性分布特征和印度洋大眼金枪鱼渔获率时空分布关系，最后得出印度洋大眼金枪鱼最适宜栖息的温跃层特征参数范围。

6.6.1 分析方法

这里采用与6.4.1节相同的分析方法。大眼金枪鱼渔业生产数据来自于印度洋金枪鱼委员会。渔业数据包括作业日期、地点（经度、纬度）、放钩数、渔获产量、渔获尾数。数据统计的空间分辨率为5°×5°，时间分辨率为月。研究采用2007—2011年大眼金枪鱼延绳钓渔业数据。采用公式（6-1）统计5°×5°方格内CPUE。

6.6.2　温跃层上界深度和大眼金枪鱼渔场时空分布关系

如图6-13所示，在15°—25°S纬向区域，CPUE值常年偏低。相比其他水域，在10°S至赤道间纬向区域的西部，CPUE值常年较高。一年中，阿拉伯海域夏季季风期间，温跃层上界深度会相对变深，此期间该区域CPUE很低。1月、2月在阿拉伯海北部，图6-5还显示相对较深的温跃层上界深度，而CPUE值大多不超过Q1（1.5尾/千钩）。总体来看，夏季季风期间温跃层上界深度比冬季季风期间更深。6—10月高值CPUE的海区，温跃层上界深度在30～50m之间，11月至翌年4月，高值CPUE的海区温跃层上界深度在50～70m之间。

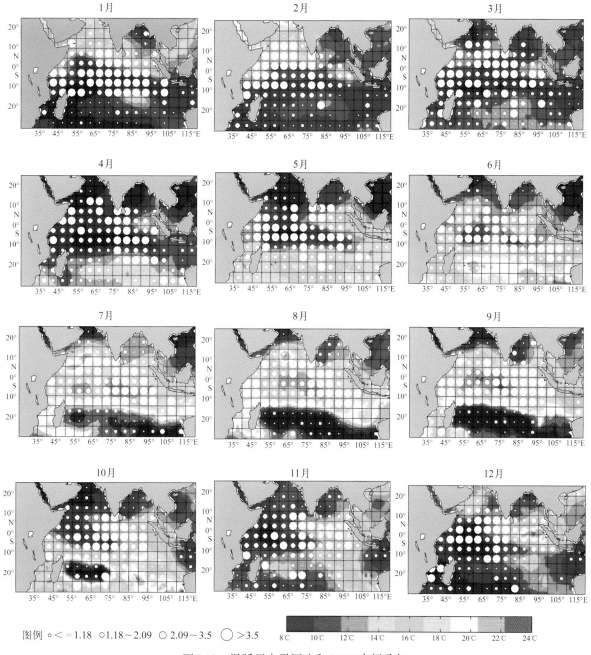

图例 ○ <＝1.18　○1.18～2.09　○2.09～3.5　○ >3.5　　8℃ 10℃ 12℃ 14℃ 16℃ 18℃ 20℃ 22℃ 24℃

图6-13　温跃层上界深度和CPUE空间叠加

6.6.3　温跃层下界深度和大眼金枪鱼渔场时空分布关系

　　图6-14表明，在高值CPUE集中的赤道区域（10°N至15°S），温跃层下界深度在150～180m之间。部分月份（11月、12月），西部渔场温跃层下界深度值（大于140m）低于东部（大于160m）。在赤道区域，存在一块季节性温跃层下界深度较浅区域，各月呈不规则变化，在该区域内CPUE值都较高。在冬季季风期间，从马达加斯加岛北部沿非洲大陆至索马里，温跃层下界深度在170～200m之间，此期间CPUE普遍较高。与温跃层上界深度相似，在15°—25°S纬向区域，常年存在一块温跃层下界深度较深的区域，深度常年在250m以上，此处CPUE常年偏低，在下界深度超过300 m的渔区，CPUE都低于Q2（3.2尾/千钩）。在25°S以南和南海海区温跃层下界深度常年较浅，在25°S以南CPUE普遍偏低，偶尔出现个别较高的CPUE渔区。

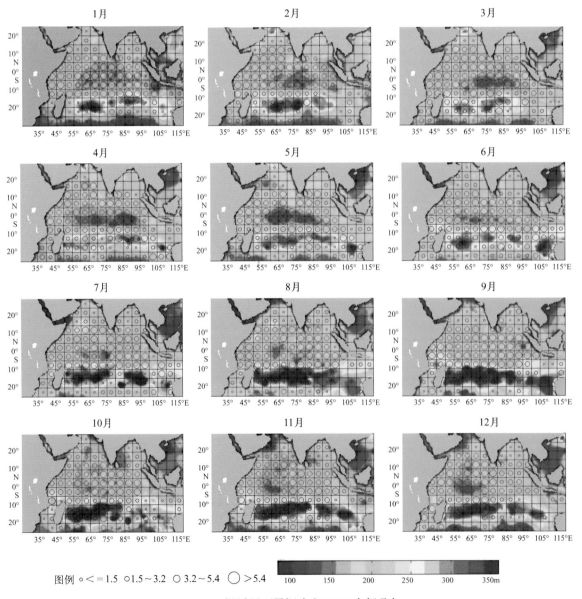

图例 ○<＝1.5　○1.5～3.2　○3.2～5.4　◯＞5.4　　100　150　200　250　300　350m

图6-14　温跃层下界深度和CPUE空间叠加

6.6.4　温跃层上界温度和大眼金枪鱼渔场时空分布关系

东北季风期间，高值CPUE区域所在的热带区域（10°N至15°S）对应的温跃层上界温度都超过27℃。西南季风期间，高值CPUE区域相对分布零散，对应的温跃层上界温度延伸到24℃，此外，这期间伴随着温跃层上界温度高值区域的收缩，高值CPUE区域变小。

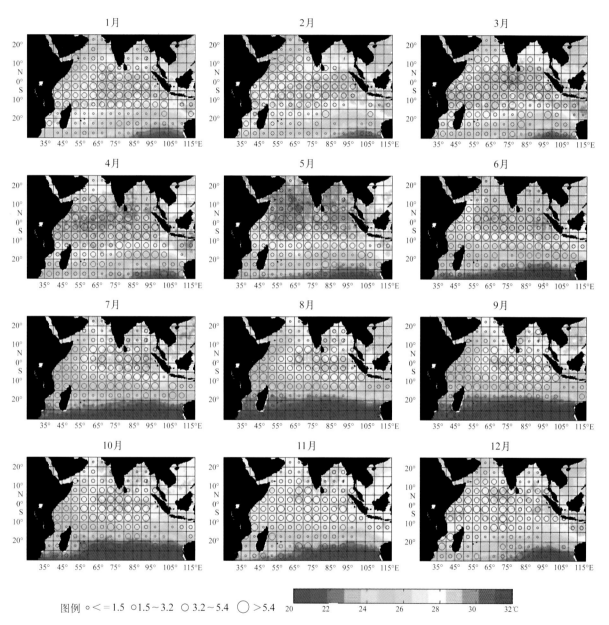

图6-15　温跃层上界温度和CPUE空间叠加

6.6.5 温跃层下界温度和大眼金枪鱼渔场时空分布关系

月平均CPUE和温跃层下界温度空间叠加如图6-16所示。高值CPUE区域（集中在赤道地区）对应的温跃层下界温度在12～15℃，其中温跃层下界温度在12～13℃的区域呈现无规律的缩小和放大。下界温度超过18℃，CPUE普遍偏低，尤以阿拉伯海北部为甚。

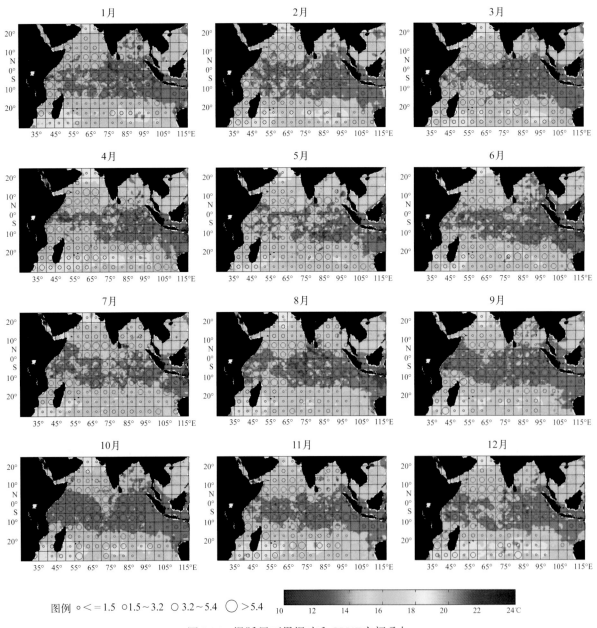

图例 ∘＜＝1.5 ○1.5～3.2 ◯3.2～5.4 ⬯＞5.4

图6-16　温跃层下界温度和CPUE空间叠加

6.6.6　大眼金枪鱼最适温跃层特征范围

1991—2009年大眼金枪鱼延绳钓高值CPUE所在区域温跃层上界温度在20～30.9℃［图6-17(a)］之间，86%的高值CPUE区域温跃层上界温度在26～29℃（27.5℃±1.5℃）之间，在渔场区高值CPUE趋向于集中在温跃层上界温度27.5℃。高值CPUE所在区域温跃层下界温度范围在11～17.9℃之间［图6-17(b)］，89%的高值CPUE的区域温跃层下界温度主要在13～15℃（14℃±1℃）之间，趋向于集中在温跃层下界温度13℃区域。高值CPUE所在区域温跃层上界深度范围在20～109m之间［图6-17(c)］，82%的高值CPUE区域温跃层上界深度主要在30～60m（45m±15m）之间。高值CPUE所在区域温跃层下界范围深度80～269m之间［图6-17(d)］，81%的高值CPUE的区域温跃层上界深度主要在140～200m（170m±30m）之间,趋向于集中在温跃层下界深度170m区域。

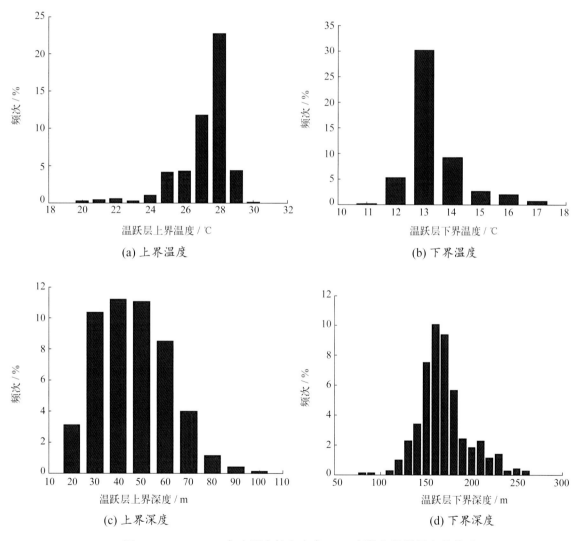

(a) 上界温度　　　　　　　　　　　　(b) 下界温度

(c) 上界深度　　　　　　　　　　　　(d) 下界深度

图6-17　1991-2009年大眼金枪鱼高产CPUE频数和温跃层变量关系

ECDF分析结果见图6-18，4个温跃层参数和高值CPUE累积分布各不相同。K-S检验结果表明高值CPUE与4个参数有密切关系，服从同一分布。高值CPUE区域温跃层各参数值最适区间分别为上界温度26～29℃（27.5℃±1.5℃）［图6-18(a)］；下界温度13.3～15.3℃（14.3℃±1℃）［图6-18(b)］；上界深度32~62m (47 m±15m)〔图6-18(c)〕；下界深度143~203m（173 m±30 m）〔图6-18(d)〕。最大$D(t)$处温跃层参数值和频次分析的平均值稍有不同。

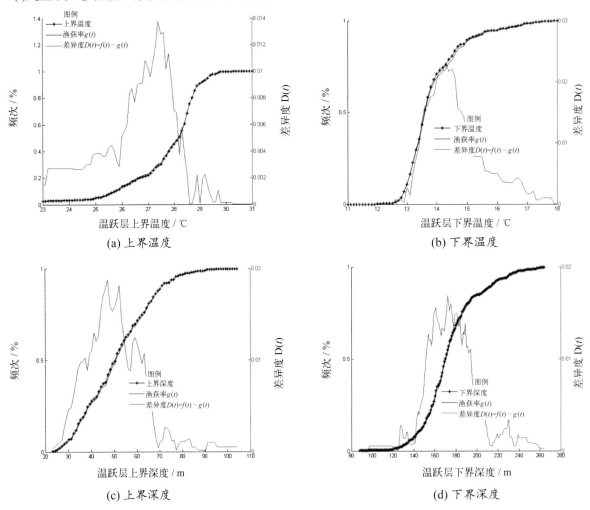

图6-18　1991-2009年大眼金枪鱼高产CPUE频数,温跃层变量关系经验累积分布函数

6.6.7　结论

　　热带印度洋温跃层上界深度、温度和下界深度都具有明显的季节性变化，大眼金枪鱼中心渔场分布与温跃层季节性变化有关。夏季季风期间，高值CPUE渔区温跃层上界深度为30~50m，浅于冬季的50~70m；温跃层上界温度范围为24~30℃。在冬季季风期间，高值CPUE区域对应的温跃层上界温度范围为27~30℃；从马达加斯加岛北部沿非洲大陆至索马里附近海域，温跃层下界深度在170~200m时的渔区CPUE普遍较高；当深度超过300m时，CPUE值均非常低。采用频次分析和经验累积分布函数计算其最适温跃层特征参数分布，得出大眼金枪鱼最适温跃层的上界、下界温度范围分别是26~29℃和13~15℃；其上界、下界深度范围分别是30~60m和140~170m。

6.7　热带印度洋大眼金枪鱼垂直分布空间分析

　　不同尺寸、年龄的大眼金枪鱼每日行为可分为3种类型：典型、伴游和其他行为，且主要呈现非伴游行为（典型和其他）（Schaefer et al., 2009）。标志放流研究表明，在非伴游行为下，印度洋大眼金枪鱼在白天有59.5%～72%时间在温跃层（20℃）以下水域觅食深水散射层（DSL）生物，索饵时下潜的深度分布受12～13℃影响（Schaefer et al., 2010）。大眼金枪鱼索饵时受关键的次表层水温影响，垂直分布在一定的深度区间，如Mohri等采用延绳钓调查数据分析认为印度洋大眼金枪鱼垂直分布的适宜水温是10～16℃，在12～13℃渔获率最高，并认为大眼金枪鱼的分布受垂直所在的水层是否处于适宜温度区域影响（Mohri et al., 1997, 1999）。国内学者采用相同方法得出大眼金枪鱼的高渔获率水温分布在12～13.9℃，并认为温跃层以下区域大眼金枪鱼渔获率最高（song et al., 2008）。高渔获率的水温区间与影响大眼金枪鱼垂直分布的次表层水温吻合，表明大眼金枪鱼垂直分布受关键的次表层水温影响，进而影响大眼金枪鱼中心渔场的分布和延绳钓作业。

以往由于遥感能大面积、实时和快速地获取海洋表层温度、叶绿素、海流和海面高度等数据，遥感表层数据被广泛地应用于分析渔业资源空间分布。延绳钓金枪鱼数据区域上跨度小，时间不连续，没有大面积计算分析大眼金枪鱼的高渔获率水温区间等温线分布特征并研究它对大眼金枪鱼中心渔场变动影响。这里采用Argo浮标数据，对大眼金枪鱼作业渔场，大眼金枪鱼索饵适宜周边水温的等温线深度与温跃层下界深度之间的距离和大眼金枪鱼中心渔场分布关系进行研究，研究思路如下。采用Argo浮标剖面温度数据重构热带印度洋10℃、12℃、13℃和16℃月平均等温线场，网格化计算12℃、13℃等温线深度值和温跃层下界深度差，并结合印度洋金枪鱼委员会（IOTC）大眼金枪鱼延绳钓渔业数据，通过绘制12℃、13℃等温线深度与月平均CPUE的空间叠加图，来分析热带印度洋大眼金枪鱼中心渔场CPUE时空分布和大眼金枪鱼高渔获率水温的等温线时空分布的关系，最后得出大眼金枪鱼适宜的水平和垂直深度三维空间分布范围。

6.7.1 数据分析方法

10～16℃是印度洋大眼金枪鱼高渔获率分布的水温段，因此绘制了10℃、16℃等温线，分析大眼金枪鱼高渔获率垂直分布的上界深度和下界深度。大眼金枪鱼的垂直分布受12～13℃影响，同时也是延绳钓高渔获率水温区间，这里绘制12℃、13℃等温线深度和月平均CPUE空间叠加图，分析大眼金枪鱼高渔获率分布水平和垂直适宜分布深度区间，同时计算12～13℃等温线深度值与温跃层下界深度之间的差值，分析高值CPUE垂直分布和温跃层关系。具体步骤如下。

（1）采用第5章和第6章6.4.1节的方法计算10～16℃等温线和温跃层等值线图,按照月分组，在空间上匹配对应，分别计算12～13℃等温线深度值与温跃层下界深度之间的差值（1°×1°），为与捕捞数据匹配，将深度值转换成5°×5°的分辨率。

（2）研究采用1991—2011年印度洋金枪鱼委员会大眼金枪鱼延绳钓渔业数据，结合公式（6-1）统计5°×5°方格内CPUE。

（3）绘制10℃、16℃等温线深度值等值线图，把CPUE数据按月分组，分别与12℃、13℃等温线深度值进行时空匹配，在空间上进行数据叠加，绘制时空分布图，并分析CPUE与各参数的时空分布特征。最后定量分析大眼金枪鱼中心渔场与12℃、13℃等温线深度值的关系，找出中心渔场金枪鱼适宜垂直分布水平和垂直范围。

（4）分别通过频次分析和经验累积分布函数得到，大眼金枪鱼最适的12℃、13℃等温线深度值和12℃、13℃等温线深度值与温跃层下界深度之间的差值分布区间。

6.7.2 印度洋大眼金枪鱼高渔获率10℃和16℃等温线深度

10～16℃是印度洋大眼金枪鱼高渔获率分布的水温段，因此本项目绘制了10℃、16℃等温线，分析大眼高渔获率垂直分布的上界深度和下界深度分布特征（图6-19和图6-20）。在时间上10℃、16℃等温线各月月分布不相同，但没有像温跃层上界那样呈明显的季节性变化特征，可能与10℃、16℃等温线深度值分布有关。10℃等温线深度值分布在温跃层下界以下，16℃等温线深度值分布在下界附近区域，均受表层季风变换影响小。在水平空间上，10℃、16℃等温线深度等值线都呈现纬向和经向分布特征。在纬向上，在阿拉伯海和马达加斯加以南区域深度值大，在10°N至15°S纬向区域深度值小。在经向上，从东到西深度值由大到小变化。阿拉伯海和马达加斯加以南区域，10℃等温线深度值超过500m；16℃等温线深度值超过250m。在10°N至15°S纬向区域和孟加拉海，10℃等温线深度值在400～450m；16℃等温线深度值在150m左右。

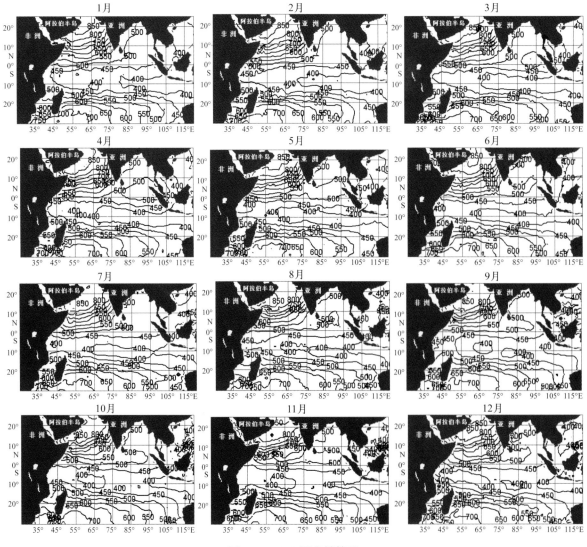

图6-19　10℃深度等值线

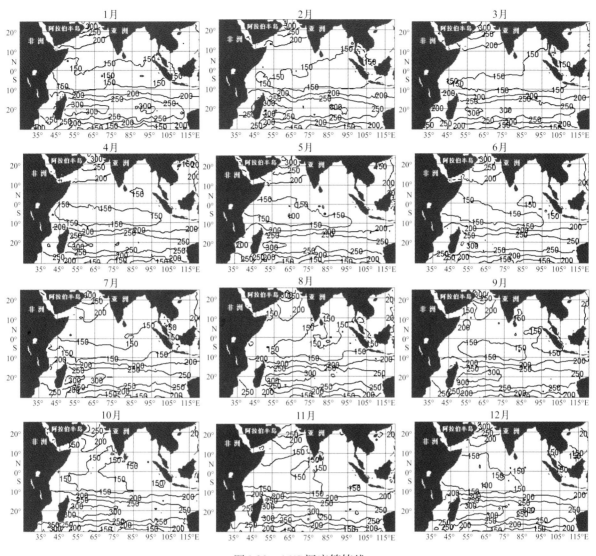

图6-20　16℃深度等值线

6.7.3　印度洋大眼金枪鱼高渔获率12℃和13℃等温线深度

档案放流、声学遥测和延绳钓调查研究结果表明，12～13℃是影响大眼金枪鱼垂直分布的关键水温区间，也是高渔获率水温分布区间，因此本项目绘制了12℃和13℃等温线深度并和大眼金枪鱼CPUE进行叠加做空间分析（图6-21至图6-24）。图6-21显示高值CPUE出现的地方，12℃等温线深度值大多小于350m。在350～450m区域，分布零散高值CPUE区域，尤其是在东北季风期间。深度值超过500m的地方，CPUE普遍较小。

12℃等温线深度与高值CPUE离散图（图6-22）表明，高值CPUE出现在220～530m之间，平均深度值为300m，众数出现在225～350m（87.8%），有6.8%的高值CPUE落在深度值大于400m区域。图6-22(b)是15ºS以北纬向区域，12℃等温线深度与高值CPUE离散图，相比全年全区域，高值CPUE分布更加集中，94.7%的高值CPUE在275～350m范围，只有9个（2.7%）高值CPUE落在深度值大于400m的区域。

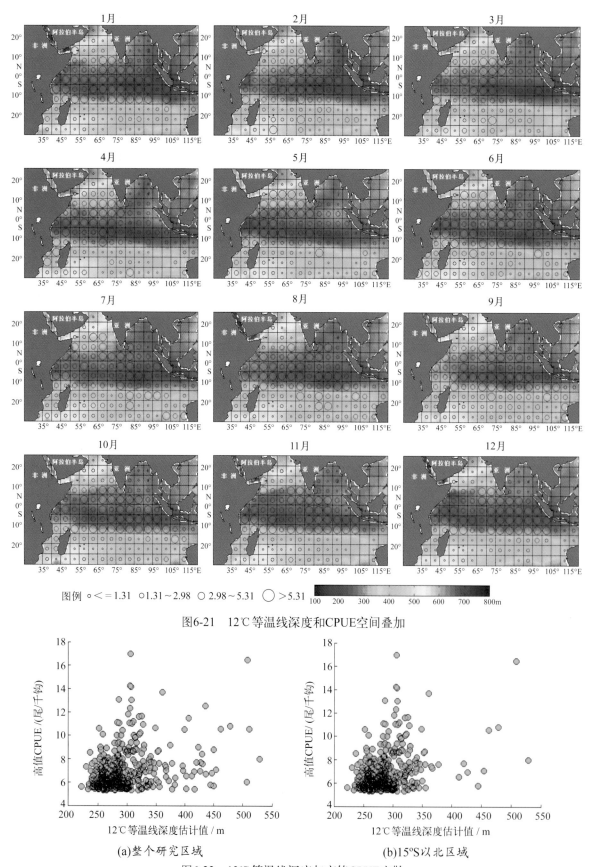

图6-21　12℃等温线深度和CPUE空间叠加

图例 ○<=1.31 ○1.31～2.98 ◯ 2.98～5.31 ◯ >5.31

(a)整个研究区域　　　　　　　(b)15°S以北区域

图6-22　12℃等温线深度与高值CPUE离散

　　图6-23显示，高值CPUE出现的地方，13℃等温线深度值大多小于300m。在300～400m区域，分布零散高值CPUE区域，尤其是在东北季风期间。深度值超过400m的地方，CPUE普遍较小。图6-24(a)是13℃等温线深度与高值CPUE离散图，高值CPUE出现在183～430m之间，平均深度值为248m，众数出现在190～275m（78%），5.7%的高值CPUE落在深度值大于350m的区域。

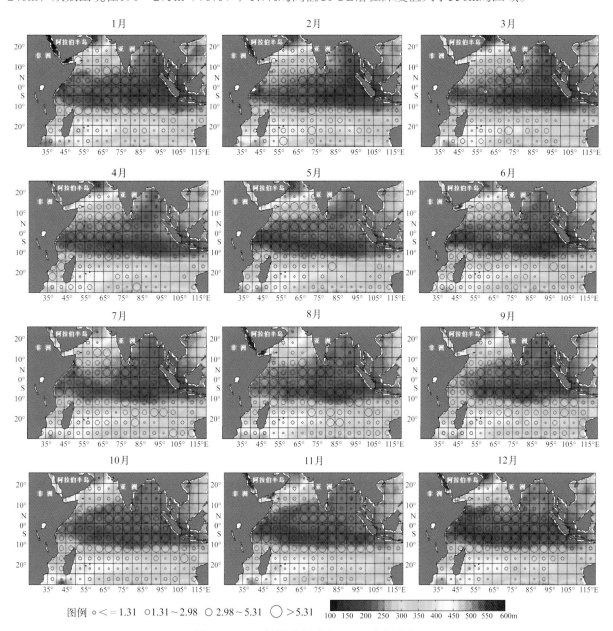

图6-23　13℃等温线深度和CPUE空间叠加

　　与12℃等温线深度与高值CPUE离散图相比，13℃等温线深度与高值CPUE离散图分布更零散，尤其是15ºS以北纬向区域（图6-24）。相比全年全区域，15ºS以北纬向区域高值CPUE分布深度更加集中，85%的高值CPUE值分布在190～275m范围之内。上述结果说明在15ºS以北纬向区域，中心渔场内大眼金枪鱼垂直分布更加集中。在15ºS以南纬向区域，中心渔场内大眼金枪鱼垂直分布范围更大。

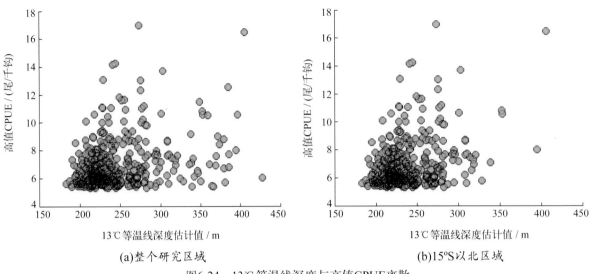

(a)整个研究区域 　　　　　　　　　　　(b)15°S以北区域

图6-24　13℃等温线深度与高值CPUE离散

6.7.4　印度洋大眼金枪鱼适宜垂直分布区间

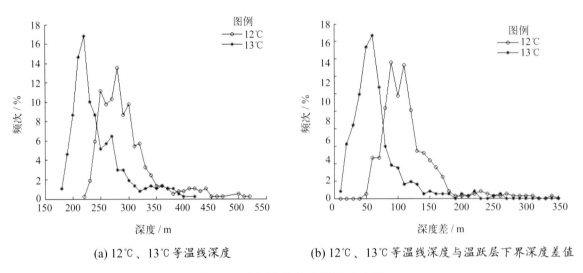

(a) 12℃、13℃等温线深度 　　　(b) 12℃、13℃等温线深度与温跃层下界深度差值

图6-25　大眼金枪鱼高值CPUE频数

热带印度洋大眼金枪鱼延绳钓高值CPUE和12℃、13℃等温线深度频数关系如图6-25(a)所示。12℃等温线深度值在220~520m都有高值CPUE出现，86%的高值CPUE分布在240~340m，在中心渔场高值CPUE趋向于集中在280m深度附近。13℃等温线深度值在180~420m之间都有高值CPUE出现，86.7%的高值CPUE出现在190~290m之间，中心渔场高值CPUE趋向于集中在220m深度附近。

热带印度洋大眼金枪鱼延绳钓高值CPUE分布区域，12℃等温线深度与温跃层下界深度差值在50~340m之间，93.4%的高值CPUE区域深度差在60~170m［图6-25(b)］之间，在中心渔场，高值CPUE趋向于在90~100m深度差区间内。13℃等温线深度与温跃层下界深度差值在10~260m［图6-25(b)］之间，88.6%的高值CPUE区域深度差在20~100m之间，高值CPUE趋向于在50~60m深度差区间。

ECDF分析结果见图6-26，4个变量和高值CPUE累积分布各不相同。在显著性水平α=0.05的水平下$D_{0.05}$=0.071，12℃、13℃等温线对应的D值分别是0.04、0.03；12℃、13℃等温线与温跃层下界距离对应的D值分别是0.03，0.024，所有的D值都小于$D_{0.05}$，均落在拒绝域之外，因此接受原假设，认为高值CPUE与4个变量关系密切，样本分布没有显著差异。高值CPUE区域4个变量最适区间分别是，12℃等温线250～352m［301m±51m，图6-26(a)］；13℃等温线187～279m［233m±46m，图6-26(b)］；12℃深度差79～175m［127m±48m，图6-26(c)］；13℃深度差35～113m［74m±39m，图6-26(d)］。

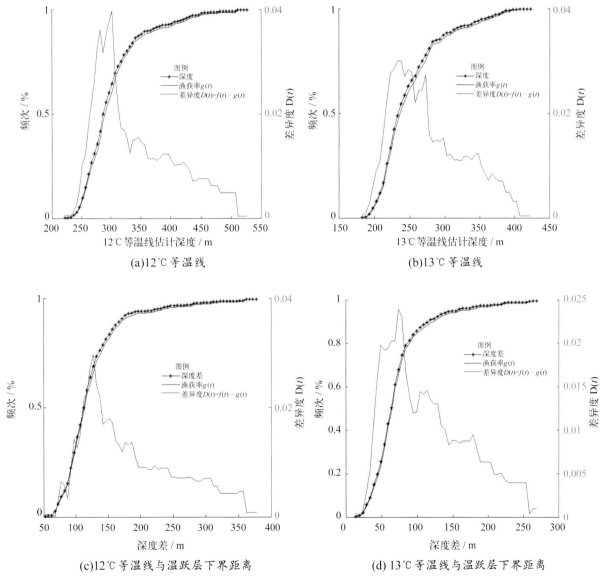

图6-26　经验累积分布函数

6.7.5　结论

（1）10℃和16℃等温线分布

10℃、16℃等温线深度没有明显的季节性变化，在空间上有类似的分布特征。阿拉伯海和马达加斯加以南区域，10℃等温线深度值超过500m；16℃等温线深度值超过250m。在10ºN至15ºS纬向区域和孟加拉海，10℃等温线深度值在400～450m；16℃等温线深度值在150m左右。热带印度洋高值CPUE区域、延绳钓高渔获率垂直分布在150～400m深度之间。高值CPUE对应的12℃等温线深度超过350m的区域全年共44个（图6-22），深度值落在适宜区间之外。同期这些区域16℃等温线深度和温跃层下界深度差见图6-27。图6-27表明16℃等温线深度在温跃层下界深度附近及以下区域，深度差平均值为36m。说明热带印度洋高值CPUE区域、延绳钓高渔获率垂直分布在150～400m深度，同时应该在温跃层下界以下区域。

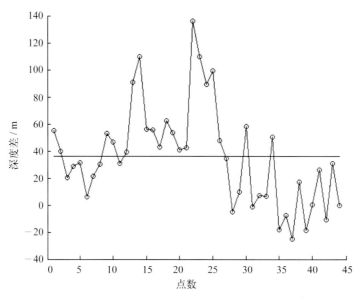

图6-27　16℃等温线和温跃层下界深度距离

（2）12℃和13℃等温线深度与大眼金枪鱼渔场关系

在三维空间上，12℃等温线，高值CPUE出现的地方深度值大多小于350m，众数在225～350m，深度值超过500m的地方，CPUE普遍较小。13℃等温线，高值CPUE出现的地方深度值大多小于300m，众数在190～275m，深度值超过400m的地方，CPUE普遍较小。全年在15°S以北纬向区域，高值CPUE区域高渔获率垂直分布深度更加集中。

Mohri等指出，在热带印度洋，161～180m钓获率是7.1，261～280m钓获率是15.4。161～280m水层钓获尾数占总的60～280m水层的95%，241～280m水层则是40%。得出钓获率随深度值增加而变大，而在中纬度（15°—25°S）区域钓获率非常低（0～1.4），与深度的变化无关。作者未能对上述结论加以解释。通过杨胜龙（2012）的研究结果发现，在热带印度洋区域，161～280m水层分布在温跃层下界深度附近及以下区域，在13℃等温线适宜深度分布区间内，稍浅于12℃等温线适宜深度区间，可能是产生Mohri得出的高渔获率结论的原因，但投钩越深钓获率越高的结论不准确。在中纬度区域温跃层下界深度超过280m，下界温度大于17℃，过深的温跃层和过高的温跃层下界温度，可能不适宜大眼金枪鱼在温跃层下界以下区域觅食，也可能大眼金枪鱼索饵集聚的水层分布过深，延绳钓无法捕获而致。

（3）大眼金枪鱼适宜分布区域

通过频次分析和ECDF方法得出热带印度洋大眼金枪鱼适宜的分布区间，取两者交集，4个变量参数适宜区间分别是：12℃等温线250～340m；13℃等温线190～270m；12℃深度差30～130m；13℃深度差0～70m。这里分析结果在时间和空间上都做了拓展，同时可以通过上述分析结果寻找中心渔场位置，同时确定投钩深度，建议在热带印度洋延绳钓下钩深度在250m左右，不超过340m；温跃层以下50m左右。

（4）数据及结论说明

这里采用的Argo数据和捕捞数据不同步。采用1991—2011年的数据（时间序列长达21年）做长时间平均分析，个别年份的数据并不影响整体时间数列数据以及渔场定义。这里的主旨是分析大眼金枪鱼历史渔场和温跃层关系，并不是逐年对CPUE具体变量值（或渔获量值）和次表层等温线做细致的数值关系。采用多年时间序列数据进行平均来统计大眼金枪鱼渔场，平滑了资源状况、船队生产状况的影响。结果表明次表层等温线深度变化并没有季节性的变化，印度洋温跃层的深度变化并没有非常明显的年际变化，由生产数据和环境数据时间不同对分析结果影响可以接受。这里采用5°×5°空间精度，从中尺度月平均角度分析，可能平滑了一些小范围的特殊的海洋环境与CPUE的关系，5°×5°是国际金枪鱼组织统计的官方精度，实际上延绳钓作业经常跨度1～2个经纬度。

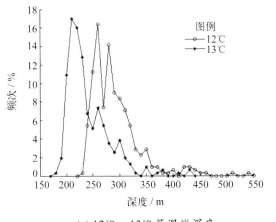 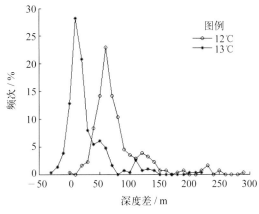

(a) 12℃、13℃等温线深度　　　　　　(b) 12℃、13℃等温线深度与温跃层下界深度差值

图6-28　2007—2011年大眼金枪鱼高值CPUE频数

为进一步说明研究结果的可靠性，采用了相同的研究办法，对2007—2011年Argo数据和同期生产数据进行分析。频次分析结果见图6-28，12℃等温线深度值在230～540m都有高值CPUE出现，89.7%的高值CPUE分布在240～340m［图6-28(a)］。13℃等温线深度值在180～430m之间都有高值CPUE出现，93.3%的高值CPUE出现在190～300m之间［图6-28(a)］。12℃等温线深度与温跃层下界深度差值在0～290m之间，90.3%的高值CPUE区域深度差在40～130m［图6-28(b)］之间。13℃等温线深度与温跃层下界深度差值在−30～220m［图6-28(b)］之间，91.7%的高值CPUE区域深度差在−10～70m之间。

ECDF分析见图6-29。结果表明，在显著性水平$\alpha=0.05$的水平下4个变量高值CPUE与4个变量关系密切，样本分布没有显著差异。高值CPUE区域4个变量最适区间分别是，12℃等温线246～344m（295m±49m）；13℃等温线198～282m（240m±42m）；12℃深度差31～131m（81m±50m）；13℃深度差−6～78m（36m±42m）。2007—2011年Argo数据和同期生产数据分析结果与文中结果非常相似，研究结果可以作为确定渔场的参考指标。

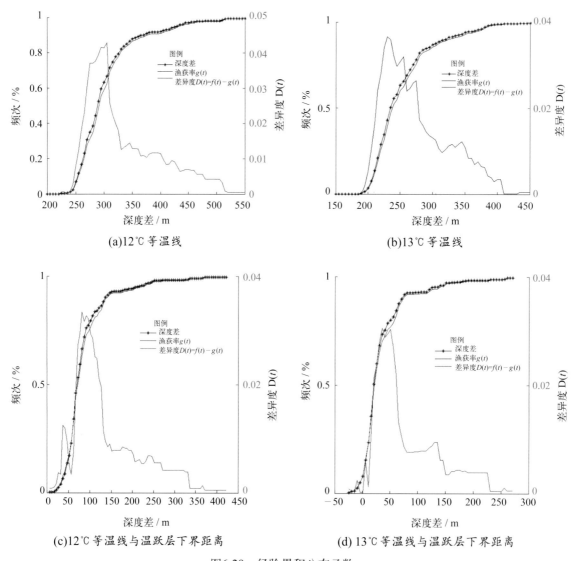

(a)12℃等温线

(b)13℃等温线

(c)12℃等温线与温跃层下界距离

(d) 13℃等温线与温跃层下界距离

图6-29 经验累积分布函数

6.8 中西太平洋鲣鱼围网渔获量与垂直温差初步研究

中西太平洋海域是金枪鱼围网的主要作业区域，捕捞对象以鲣鱼（*Katsuwonus pelamis*）为主。自20世纪80年代以来，鲣鱼围网渔业发展迅速，中国于2000年开始在该海域进行金枪鱼围网作业，现已成为中国金枪鱼渔业的重要作业海域。这里采用Argo剖面浮标数据，重构大洋三维温度场和盐度场，研究水温、表层盐度和垂直温差与中西太平洋鲣鱼渔场的关系，加深对中西太平洋鲣鱼渔场的了解。

6.8.1 材料与方法

根据上海金汇远洋渔业公司2007年度在中西太平洋海域进行鲣鱼围网作业的生产数据以及Argo剖面浮标数据，利用地理信息系统软件Arcview，按1°×1°的空间精度，采用Kriging方法按月绘制了各月表层温度、50m和200m水层温度等环境数据，并与生产数据匹配，绘制空间叠加图，采用数值方法进行综合分析围网鲣鱼适宜的环境分布区间。最后采用Shapiro-Wilk正态性检验方法（刘忠顺，2005），对0～200m、50～200m垂直温差进行显著性检验。Shapiro-Wilk正态性检验公式为

$$W = \frac{\sum_{i=1}^{n}(a_i - a)\ (x_{(i)} - x)}{\sum_{i=1}^{n}(a_i - a)^2 \sum_{i=1}^{n}(x_{(i)} - x)^2} \tag{6-5}$$

式中，$x_{(i)}$为按非降次序排序的独立观测值；a是样本容量为n时特定的系数值。根据给定的显著性水平a，拒绝域为$\{W \leqslant W_a\}$。当总体分布为正态时，W的值接近1。

6.8.2　结果

（1）月产量空间分布及其与SST的关系

2007年全年鲣鱼高捕捞量区域位于150°—153°E、160°—161°E，纬度为0°—2°S。将SST按0.5℃的间距对各月进行产量统计，分析鲣鱼作业产量与SST的关系，得出2007年中西太平洋鲣鱼各月作业渔场的适宜SST范围（表6-3）。该区域全年适宜SST（29.3～30℃）变化不大。

（2）月产量与表层盐度的关系

表层盐度按0.1的间距进行月产量统计，分析鲣鱼作业月产量与表层盐度的关系。2007年中西太平洋鲣鱼各月作业渔场的适宜表层盐度范围（表6-3）。该区域1—6月最适表层盐度为34～34.4，其中，4月盐度很高，应该是该月产量非常少导致的偏差现象；7月最适表层盐度较高，达到35.48，12月最适表层盐度为34.4～35.2。整体上有上半年低下半年高的现象。

表6-3　各月最适SST和最适盐度的分布

月　份	适宜 SST／℃	适宜盐度
1	29.5～30	33.9～34.0
2	29.0～29.5	34.0～34.2
3	29.0～30	34.0～34.2
4	29.5～30	34.5～35.7
5	29.5～30	34.2～34.3
6	30～30.5	34.3～34.4
7	29.5～30	35.0～35.4
8	29.5～30	34.5～34.9
9	29.5～30	34.9～35.0
10	29.5～30	34.7～35.2
11	29.5～30	35.1～35.3
12	29.5～30	34.9～35.2

（3）渔获量与垂直温差的关系

渔获量与表层到200m水层垂直温差关系以及与50m到200m水层垂直温差关系见图6-30和图6-31。由图可见，捕捞量与0～200m、50～200m水层的垂直温差服从正态分布关系。Shapiro-Wilk正态性检验结果表明，渔获量与0～200m、50～200m水层的垂直温差服从正态分布关系。

$W(0～200m)=010\ 014< W(0101)=01\ 805$；

$W(50～200m)=010\ 089< W(0101)=01\ 805$。

图6-30和图6-31表明0～200m、50～200m水层的垂直温差为11℃时，渔获量达到最大。分析结果说明，鲣鱼喜欢栖息在0～200m、50～200m水层的垂直温差为11℃的水域，在该水域内容易形成中心渔场。

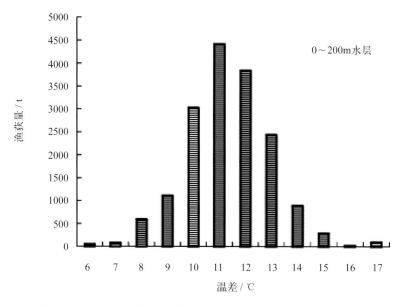

图6-30　中西太平洋围网鲣鱼渔获量与0～200m水层之间温差分频

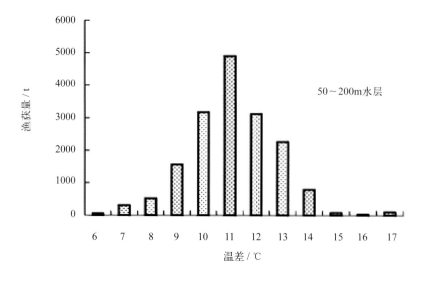

图6-31　中西太平洋围网鲣鱼渔获量与50～200m水层之间温差分频

6.9　西太平洋金枪鱼围网

用Argo辅助西太平洋围网金枪鱼分析，首先计算温跃层上界、下界深度，获取温跃层上、下界面的温度和盐度，以及温跃层厚度和强度；其次根据温跃层上界、下界深度选择用于辅助分析的水层；再次使用反距离权重法插值，生成温跃层上（下）界温度、盐度、深度、强度，以及用于辅助分析水层的温度和盐度插值图，最后把各种插值图分别叠加渔获数，分析渔获量分布、变化等与海洋次表层环境特点的关系。

6.9.1　西太平洋金枪鱼围网分析

图6-32是2010年上海水产集团在西太平洋金枪鱼围网作业范围和统计数据，图6-32(a)反映出作业区域范围是10°S至10°N和140°—180°E；图6-32(b)反映出金枪鱼围网全年都有作业，但7月到12月渔获量较大，且在11月平均每网的渔获量最大。可以用Argo数据构建次表层月平均海洋环境插值图，用于辅助渔业分析，本研究将以11月为例进行说明。

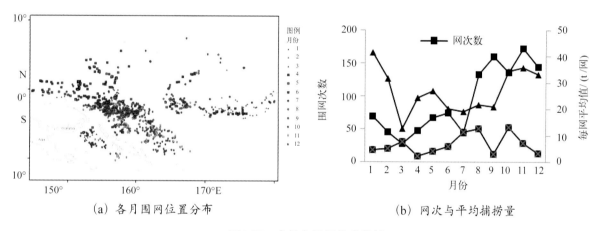

(a) 各月围网位置分布　　　　　　　　(b) 网次与平均捕捞量

图6-32　金枪鱼围网作业统计

对Argo采样点进行Akima插值后，通过计算插值点的变化判断温跃层，温跃层可能有多个，研究中选取第一个温跃层。

图6-33是2010年11月金枪鱼围网所在海域的第一个温跃层状况，图中的黑点是金枪鱼围网的位置。两幅图的实现过程如下。

（1）在GDacs下载Argo数据过程中对剖面数据进行Akima插值，利用插值计算温度梯度，根据计算的梯度与最低标准比较，判断出各温跃层，计算出各温跃层的上下界深度、厚度、温度、强度，根据温跃层由上到下的顺序编号为温跃层1, 2…, n，把数据存储到Temperature表。

（2）制作2010年11月金枪鱼围网所在海域的温跃层状况图，在Temperature表查询出2010年11月，范围是10°S至10°N和140°—180°E，温跃层编号为1的数据。

（3）查询的数据结果分散到1°×1°格网中，如果有多个Argo值在同一个格网，计算它们的平均值作为该格网的值，然后对格网的值进行反距离权重插值制作平面图。

图6-33中的等值线是第一个温跃层上界深度，2010年11月金枪鱼围网分布区域的深度范围在

50～150m，温跃层深度的坡度变化较大，图6-33(a)中的等级设色图是第一个温跃层上界温度，金枪鱼围网分布区域的温跃层上界温度在27.86～28.90℃，温度区域变化较小，温度较高。单网的渔获量在0～270t之间，从图6-33(a)可以看出，渔获区域可以分成两个比较明显的区域，区域A捕捞网次较少，但每网的渔获量都较大，区域B捕捞网次较多，但很多网次的捕捞量较低，不过捕捞量在270t左右的网次大部分都分布在区域B。区域A处温跃层深度变化较小，而区域B处温跃层深度变化较大。

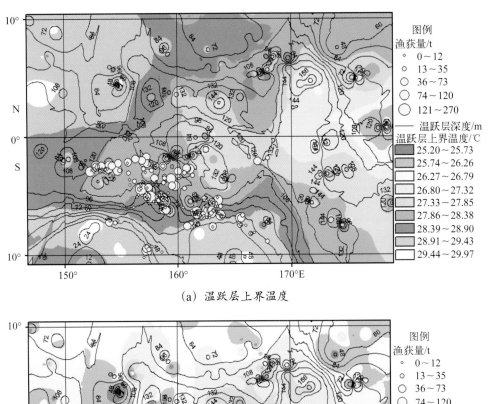

(a) 温跃层上界温度

(b)温跃层上界深度等值线与强度

图6-33　温跃层插值

图6-33(b)中的等级设色图是第一个温跃层强度，金枪鱼围网分布区域的温跃层强度在0.08～0.10℃/m，温跃层强度变化较小，强度较低。区域A和区域B分布区域的温跃层强度变化都不大。

由于2010年11月金枪鱼围网所在海域第一个温跃层上界深度范围在50～150m，因此在图6-34中分析了2010年11月该海域在50m和150m处的温盐状况，两幅图的实现过程如下。

（1）在GDacs下载Argo数据过程中对剖面数据进行Akima插值，根据插值结果获取0~300m范围间隔5m的温盐值，把数据存储到Akima表。

（2）制作2010年11月金枪鱼围网所在海域的温盐状况图，在Akima表查询出2010年11月，范围是10°S至10°N和140°—180°E，深度为50m和100m的数据。

（3）查询的结果数据分散到1°×1°格网中，如果有多个Argo值在同一个格网，计算它们的平均值作为该格网的值，然后对格网的值进行反距离权重插值制作平面图。

图6-34(a)是金枪鱼围网分布区域深度50m的温盐状况，等值线是温度，等级设色图是盐度。温度范围是28.7~29.6℃，温度很高，盐度范围是35.09~35.51，盐度同样很高的区域，但区域内变化很小。

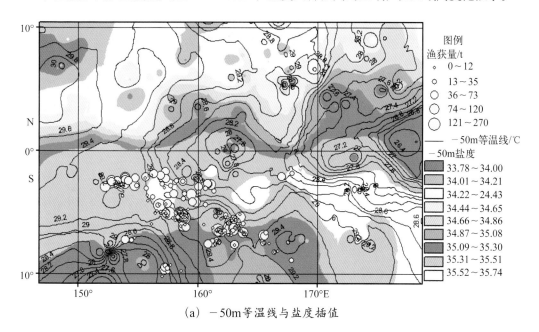

（a）-50m等温线与盐度插值

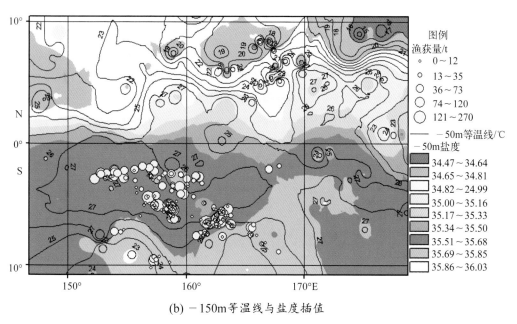

（b）-150m等温线与盐度插值

图6-34　温盐插值

图6-34(b)是金枪鱼围网分布区域深度150m的温盐状况，温度范围是28.7～29.7℃，温度很高，盐度范围是35.51～35.85，盐度很高，区域内变化很小。50m和150m处的温盐状况与渔获区域A和B的关系不明显。

6.9.2 结论

Argo观测剖面数据可以提供2000m以浅的次表层盐度、温度等信息，在空间和时间上都具有一定的分布和变化规律，每天都更新及时。本研究用Argo数据构建Argo数据库，从GDacs定时下载更新，用它结合渔业信息数据辅助远洋渔业分析。

水温变化很大程度上影响了鱼类的集群、洄游及渔场的形成。水温的垂直分布结构在渔场形成中极为重要，特别是在金枪鱼围网渔业中。多数金枪鱼类、枪鱼和旗鱼类，生活在海洋表层至100m，属于中上层鱼类。温跃层水温垂直变化显著，像是一道天然的环境屏障，限制了鱼类的上下移动，对中上层鱼类影响特别大。因此，本研究通过对Argo数据的计算判断温跃层上界、下界深度，获取温跃层上、下界面的温度和盐度，以及温跃层厚度和强度；根据温跃层上界、下界深度选择用于辅助分析的水层；使用反距离权重法插值，生成温跃层上（下）界温度、盐度、深度、强度，以及用于辅助分析水层的温度和盐度插值图，把各种插值图分别叠加渔获数，分析渔获量分布、变化等与海洋次表层环境特点的关系。

通过2010年11月上海水产集团在西太平洋金枪鱼围网作业数据，与Argo数据构建的次表层11月平均海洋环境状况结合分析显示：金枪鱼围网分布区域的第一个温跃层上界深度范围是50～150m，温跃层深度的坡度变化较大，温跃层表面温度范围是27.86～28.90℃，温度区域变化较小，温度较高。温跃层强度范围是0.08～0.10℃/m，温跃层强度变化较小，强度较低。

由于2010年11月金枪鱼围网所在海域第一个温跃层上界深度范围是50～150m，因此分析了50m和150m处的温盐状况，结果显示：深度50m的温度范围是28.7～29.6℃，温度很高，盐度范围是35.09～35.51，盐度同样很高，但区域内变化很小。150m温度范围是28.7～29.7℃，温度很高，盐度范围是35.51～35.85，盐度很高，区域内变化很小。

6.10 热带印度洋黄鳍金枪鱼垂直分布空间分析

了解黄鳍金枪鱼的个体行为和环境栖息习性有利于渔业资源分析，可以辅助寻找中心渔场。早期的研究误认为黄鳍金枪鱼（*Thunnus Obesus*）主要在混合层内部活动，偶尔俯冲到温跃层以下（Block et al., 1997; Holland et al., 1990）。Dagorn等（2006）通过对热带印度洋一条成年黄鳍金枪鱼进行的档案标志研究，发现成年黄鳍金枪鱼能够下潜到深层冷水区，每天经历的水温变化范围众数为15～16℃，91.7%的时间所处水温低于表层水温8℃以上。在非伴游行为下，黄鳍金枪鱼表现出明显的昼夜垂直迁徙特征。晚上在海表以下50m以内，从黎明开始周期性地下潜到海表以下150m以深的水域，捕食深水散射层（DSL），每次停留约11分钟，平均深度约250m。身体周边最低温度众数在12.3℃，距海表温度（SST）最大温差8.2℃（Schaefer K et al., 2007, 2009）。相关的声学遥测研究也表明黄鳍金枪鱼分布在低于表层8℃以上水域，认为黄鳍金枪鱼的垂直分布受水温垂直结构的影响（Josse et al., 1998; Brill et al., 1999）。Mohri（2000）和Song（2008）等采用延绳钓调查数据分析认为，印度洋黄鳍金枪鱼垂直分布的高渔获率水温在16℃左右，在温跃层下界附近觅食，大西洋公海黄鳍金枪鱼高渔获率水温为13℃左右（宋利明，2004）。

这里根据黄鳍金枪鱼生物习性，从水温对鱼类活动影响的角度出发，采用Argo浮标剖面温度数据重构热带印度洋（20°—120°E, 30°S至25°N）16℃和海表以下8℃（记△8℃）的月平均等温线场，通过网格化计算了16℃和△8℃等温线深度值和下界深度差，并结合印度洋金枪鱼委员会（IOTC）黄鳍金枪鱼延绳钓渔业数据，绘制16℃和△8℃等温线深度与月平均CPUE的空间叠加图，用于分析热带印度洋黄鳍金枪鱼中心渔场CPUE时空分布和黄鳍金枪鱼高渔获率水温的等温线时空分布的关系，最后得出黄鳍金枪鱼适宜的水平和垂直深度三维空间分布范围。

6.10.1　材料与方法

距SST温差8℃（记△8℃）是影响印度洋黄鳍金枪鱼垂直分布的水温，16℃是高渔获率水温(Mohri, 2000; Song, 2008)，因此这里绘制△8℃和16℃等温线深度和月平均CPUE空间叠加图，分析黄鳍金枪鱼渔获率分布水平和垂直适宜分布深度区间，同时计算△8℃和16℃等温线深度值与温跃层下界深度之间的差值，分析高值CPUE垂直分布和温跃层关系。

具体步骤如下。

（1）采用第5章和第6章6.4.1节的方法计算16℃等温线、△8℃等温线和温跃层等值线图,按照月分组，在空间上匹配对应，分别计算△8℃和16℃等温线深度值与温跃层下界深度之间的差值（1°×1°），将深度值转换成5°×5°的分辨率。

（2）研究采用1991—2009年印度洋金枪鱼委员会黄鳍金枪鱼延绳钓渔业数据，结合公式（6-1）统计5°×5°方格内CPUE。

（3）CPUE数据按月分组，分别与△8℃、16℃等温线深度值进行时空匹配，在空间上进行数据叠加，绘制时空分布图，并分析CPUE与各参数的时空分布特征。最后定量分析黄鳍金枪鱼中心渔场和△8℃、16℃等温线深度值的关系，找出中心渔场黄鳍金枪鱼适宜垂直分布水平和垂直范围。

（4）分别通过频次分析和经验累积分布函数得到，黄鳍金枪鱼最适的△8℃和16℃等温线深度值和△8℃、16℃等温线深度值与温跃层下界深度之间的差值分布区间。

6.10.2　16℃等温线深度

16℃是热带印度洋黄鳍金枪鱼高渔获率水温，也是影响黄鳍金枪鱼垂直分布的关键水温，这里绘制16℃等温线深度并和黄鳍金枪鱼CPUE进行叠加做空间分析（图6-35）。在时间上16℃等温线各月分布不相同，但没有像温跃层上界那样有明显的季节性变化特征，可能与16℃等温线深度值分布在下界附近区域有关，均受表层季风变换影响小。在水平空间上，16℃等温线深度等值线都呈现纬向和经向分布特征。在纬向上，阿拉伯海和马达加斯加以南纬向区域深度值大，在10°N至15°S纬向区域深度值小。在经向上，从东到西深度值由大到小变化。阿拉伯海和马达加斯加以南区域，16℃等温线深度值超过250m。在10°N至15°S纬向区域和孟加拉海，16℃等温线深度值在150m左右。

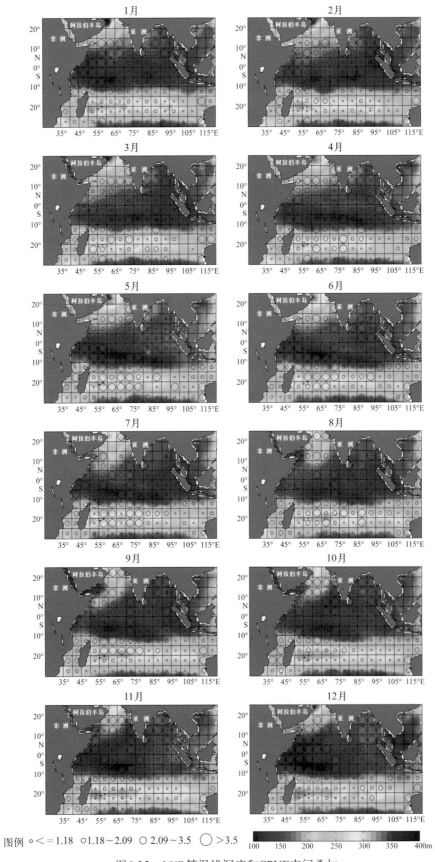

图例 ○＝<1.18　○1.18～2.09　○2.09～3.5　○>3.5　　100 150 200 250 300 350 400m

图6-35　16℃等温线深度和CPUE空间叠加

空间叠加图显示高值CPUE出现的地方，16℃等温线深度值大多小于200m。在西南季风期间，在15ºS以南区域，在200~300m分布高值CPUE区域。深度值超过300m的地方，CPUE普遍较小。12℃等温线深度与高值CPUE离散图［图6-36(a)］表明，高值CPUE出现在120~300m之间，平均深度值为201m，集中出现在140~229m（72%），有4.3%的高值CPUE落在深度值大于300m区域。图6-36(b)是15ºS以北区域，16℃等温线深度与高值CPUE离散图，相比全年全区域，高值CPUE分布更加集中，87.5%的高值CPUE在140~229m，只有5个（1.9%）高值CPUE落在深度值大于300m区域。

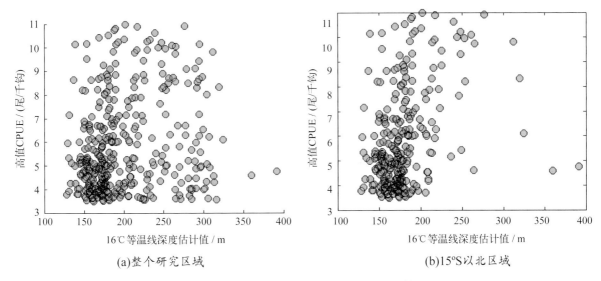

(a)整个研究区域　　　　　　　　　　　　(b)15ºS以北区域

图6-36　16℃等温线深度与高值CPUE离散

6.10.3 △8℃等温线深度

热带印度洋黄鳍金枪鱼主要分布在低于表层8℃以上水域，△8℃是影响黄鳍金枪鱼垂直分布的关键水温，这里绘制△8℃等温线深度并和黄鳍金枪鱼CPUE进行叠加做空间分析（图6-37）。△8℃等温线深度图表明，在15ºS以南纬向区域，全年等温线分布较深，超过200m。在此区域，西南季风期间的深度值（>300m）大于西南季风期间深度值，最深的深度值出现在25ºS以南，深度值可到达400m。东北季风期间，在阿拉伯海北部存在季节性深度值。赤道附近等温线深度值在100~150m之间，全年分布较浅。

图6-37表明，高值CPUE出现的地方，△8℃等温线深度值大多小于150m。在西南季风期间，在15ºS以南区域，在150~300m区域，有高值CPUE区域出现。深度值超过300m的地方，CPUE普遍较小。图6-38(a)是△8℃等温线深度与高值CPUE离散图，高值CPUE出现在80~400m，平均深度值为158m，集中出现在100~169m（70%），5.7%的高值CPUE落在深度值大于300m区域。与16℃等温线的离散图相比，△8℃等温线深度与高值CPUE离散图分布更零散，但15ºS区域分布更集中。相似的15ºS以北纬向区域高值CPUE分布深度更加集中，86%的高值CPUE值分布在100~169m范围之内（图6-38）。上述结果说明在15ºS以北纬向区域，中心渔场内黄鳍金枪鱼垂直分布更加集中在某一垂直深度。在15ºS以南纬向区域，中心渔场内金枪鱼垂直分布范围更大。

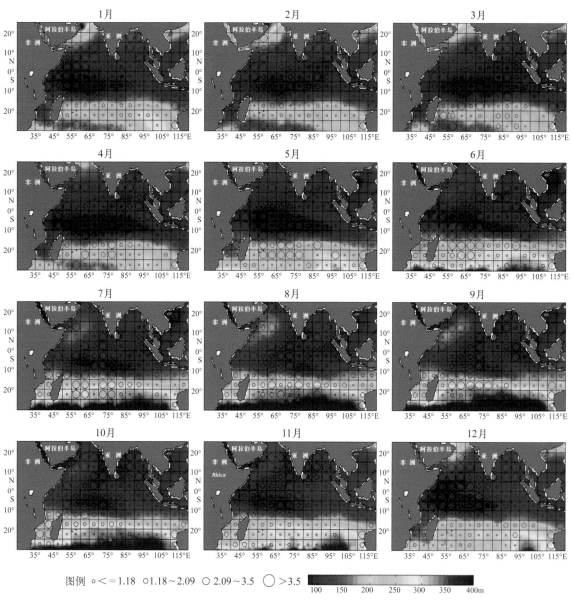

图例 ○<=1.18 ○1.18~2.09 ○ 2.09~3.5 ◯ >3.5

图6-37 △8℃等温线深度和CPUE空间叠加

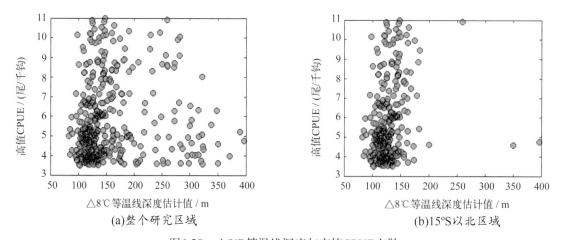

(a)整个研究区域　　　　　　(b)15°S以北区域

图6-38 △8℃等温线深度与高值CPUE离散

6.10.4 适宜垂直分布区间

热带印度洋黄鳍金枪鱼延绳钓高值CPUE和△8℃、16℃等温线深度频数关系如图6-39(a)所示。△8℃等温线深度值在80～400m都有高值CPUE出现，适宜区间分布在100～169m，在中心渔场高值CPUE趋向于集中在110～120m。16℃等温线深度值在120～400m之间都有高值CPUE出现，适宜区间分布在140～229m之间，中心渔场高值CPUE趋向于集中在170m深度附近。

热带印度洋黄鳍金枪鱼延绳钓高值CPUE分布区域，△8℃等温线深度与温跃层下界深度差值在－150～200m之间，93.4%的高值CPUE区域深度差在50～119m之间［图6-29(b)］，在中心渔场，高值CPUE趋向于在80m深度差区间内。16℃等温线深度与温跃层下界深度差值在－150～90m之间［图6-29(b)］，88.6%的高值CPUE区域深度差在0～79m之间，高值CPUE趋向于在30～50m深度差区间。

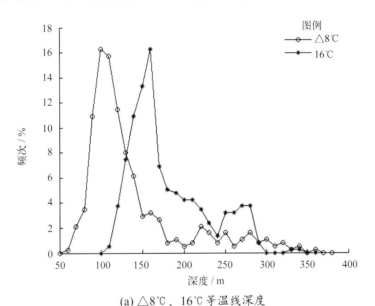

(a) △8℃、16℃等温线深度

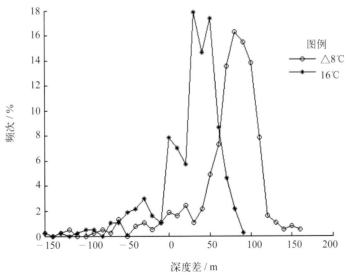

(b) △8℃、16℃等温线深度与温跃层下界深度差值

图6-39 黄鳍金枪鱼高值CPUE频数

ECDF分析结果见图6-40，4个变量和高值CPUE累积分布各不相同。在显著性水平$\alpha=0.05$的水平下$D_{0.05}=0.071$，△8℃、16℃等温线对应的D值分别是0.033，0.047；△8℃、16℃等温线与温跃层下界距离对应的D值分别是0.037，0.04，所有的D值都小于$D_{0.05}$，均落在拒绝域之外，因此接受原假设，认为高值CPUE和4个变量关系密切，样本分布没有显著差异。高值CPUE区域4个变量适宜分布区间分别是，△8℃等温线70～194m［132m±62m，图6-40(a)］；16℃等温线128～227m［177m±49m，图6-40(b)］；△8℃深度差39～129m［84m±45m，图6-40(c)］；16℃深度差-9～63m［27m±36m，图6-40(d)］。

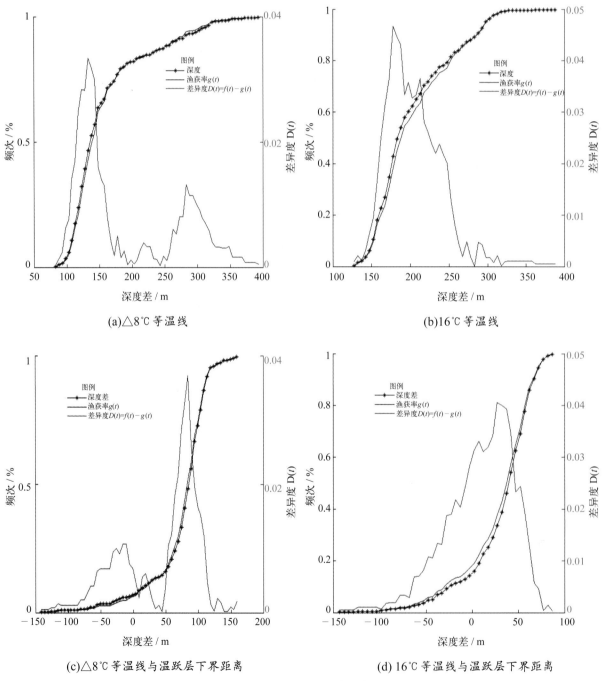

(a)△8℃等温线　　　　　　　　　　　(b)16℃等温线

(c)△8℃等温线与温跃层下界距离　　　(d) 16℃等温线与温跃层下界距离

图6-40　经验累积分布函数

6.10.5　讨论与分析

（1）△8℃和16℃等温线分布

△8℃等温线深度呈现出季节性分布特征，而16℃则没有明显的季节性变化。在空间上，△8℃在15°S以南纬向区域，全年等温线分布超过200m，尤其是西南季风期间，纬度越高深度越大。16℃等温线深在阿拉伯海和马达加斯加纬向区域，深度值超过250m。在10°N至15°S纬向区域和孟加拉湾△8℃深度值低于150m，16℃等温线深度值在150m左右。16℃等温线深度等值线分布和温跃层下界深度分布十分相似，据此可以推测，印度洋高渔获率水温分布的深度在温跃层下界附近区域。

（2）△8℃、16℃等温线深度和温跃层下界深度与黄鳍金枪鱼渔场关系

在三维空间上，高值CPUE的空间分布表现出明显的季节性变化。△8℃等温线深度值大多小于175m，集中出现在100～170m；在西南季风期间，在15°S以南区域，在150～300m区域，也有高值CPUE区域出现，全年深度值超过300m的地方，CPUE普遍较小。16℃等温线，东北季风期间，高值CPUE出现的地方深度值大多小于200m，西南季风期间，在南纬15°—25°S深度可到达250m，但全年高值CPUE主要出现在130～190m深度，深度值超过300m的地方，CPUE普遍较小。全年在15°S以北纬向区域，高值CPUE区域高渔获率垂直分布深度更加集中。

Mohri等（2000）指出，在热带印度洋，黄鳍金枪鱼适宜的温度范围是13～24℃，15～17℃渔获率最高。Song（2008）研究得出在印度洋公海，黄鳍金枪鱼活动密集的水层为100～179m，与渔获率最密切的深度是120～140m，水温为16～17℃。可以认为热带印度洋黄鳍金枪鱼高渔获率分布在16℃等温线附近。然宋利明等（2004）报道，在热带大西洋区域，黄鳍金枪鱼的最适水层是150～179m，最适水温则是13～14℃。相比热带印度洋区域，分布更深层冷水中，表明黄鳍金枪鱼可以进入更深的冷水层去索饵。

这里计算了温跃层下界深度与△8℃和16℃深度差与高渔获率空间分布关系，各自的适宜分布深度分别是39～129m；9～63m。16℃等温线深度等值线分布和温跃层下界深度分布十分相似，Song调查期间，调查点附近的温跃层下界温度为15℃（Song，2008；杨胜龙，2012）。表明印度洋黄鳍金枪鱼高渔获率水温分布的深度在温跃层下界以上区域附近。通过同样的方法，在宋利明等(2004)调查期间，大西洋调查区域的温跃层下界深度值和温度值（见图6-41、图6-42）分别约是200m和13℃。同样表明大西洋黄鳍金枪鱼高渔获率水温分布的深度在温跃层下界以上区域附近。据此可推断，影响黄鳍金枪鱼索饵时垂直分布的环境因子是温跃层下界深度和温度值。热带大西洋和印度洋不同的温跃层下界深度值和温度值产生了两大洋黄鳍金枪鱼不同的高渔获率水层和水温。

（3）黄鳍金枪鱼适宜分布区域

通过频次分析和ECDF方法得出热带印度洋黄鳍金枪鱼适宜的分布区间，取两者交集，4个变量参数适宜区间分别是，△8℃等温线100～169m；16℃等温线140～229m；△8℃深度差50～119m；16℃深度差0～60m。这里分析结果在时间和空间上都做了拓展，同时可以通过上述分析结果寻找中心渔场位置，同时确定投钩深度，建议在热带印度洋延绳钓下钩深度为160m左右，不超过200m；温跃层下界深度以上20～30m。

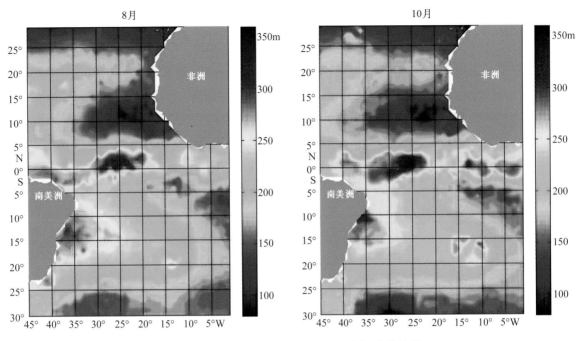

图6-41　热带大西洋温跃层下界月平均深度等值线

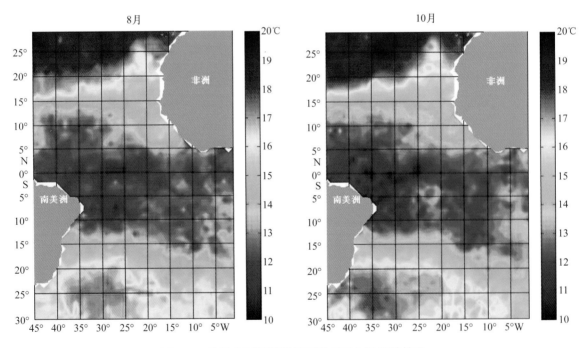

图6-42　热带大西洋温跃层下界月平均温度等值线

（4）数据及结论说明

这里采用的Argo数据和捕捞数据不同步。采用1991—2011年的数据（时间序列长达21年）做长时间平均分析，个别年份的数据并不影响整体时间数列数据以及渔场定义。这里的主旨是分析黄鳍金枪鱼历史渔场和温跃层关系，并不是逐年对CPUE具体变量值（或渔获量值）和次表层等温线做细致的数值分析。采用多年时间序列数据进行平均来统计黄鳍金枪鱼渔场，平滑了资源状况、船队生产状况的影响。结果表明次表层等温线深度变化并没有季节性变化，印度洋温跃层的深度变化并没有非常明显的年际变化，是可以用于研究工作的，由生产数据和环境数据时间不同对分析结果影响可以接受。这里采用5°×5°空间精度，从中尺度月平均角度分析，可能平滑了一些小范围的特殊的海洋环境与CPUE的关系，5°×5°是国际金枪鱼组织统计的官方精度，实际上延绳钓作业经常跨越1~2个经纬度。

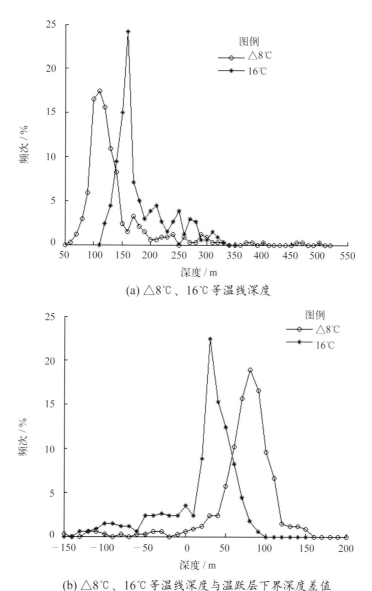

(a) △8℃、16℃等温线深度

(b) △8℃、16℃等温线深度与温跃层下界深度差值

图6-43　2007—2011年黄鳍金枪鱼高值CPUE频数

　　为进一步说明研究结果的可靠性，采用相同的研究办法，对2007—2011年Argo数据和同期生产数据进行分析。频次分析结果见图6-43，△8℃等温线深度值在60~500m都有高值CPUE出现，74.6%的高值CPUE分布在90~149m［图6-43(a)］。16℃等温线深度值在120~340m之间都有高值CPUE出现，76.4%的高值CPUE出现在130~219m之间［图6-43(a)］。△8℃等温线深度与温跃层下界深度差值在−150~150m之间，83.4%的高值CPUE区域深度差在50~119m［图6-43(b)］之间。16℃等温线

深度与温跃层下界深度差值在−130～90m［图6-43(b)］之间，77.6%的高值CPUE区域深度差在0～79m之间。ECDF分析结果见图6-44，结果表明，在显著性水平α=0.02的水平下4个变量高值CPUE和4个变量关系密切，样本分布没有显著差异。高值CPUE区域4个变量最适区间分别是，△8℃等温线为62～178m（120m±58m）；16℃等温线127～223m（175m±48m）；△8℃深度差28～142m（85m±57m）；16℃深度差−7～79m（35±44m）。2007—2011年Argo数据和同期生产数据分析结果与文中结果差异不大，研究结果可以用来了解印度洋黄鳍金枪鱼的栖息习性，为生产作业提供理论支持。

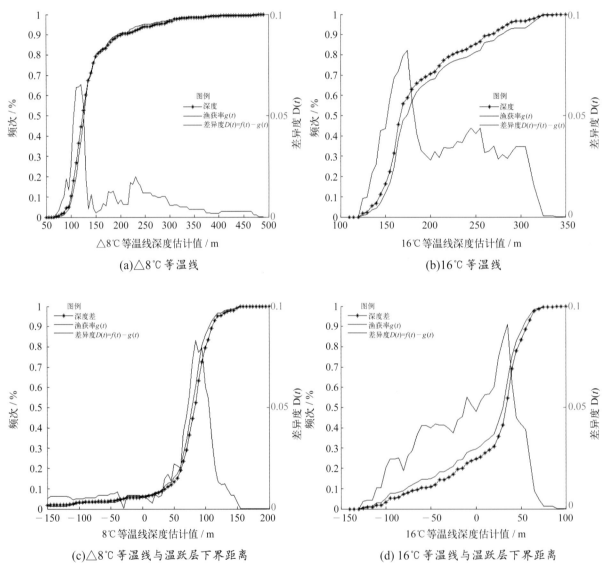

图6-44　经验累积分布函数

参考文献

安玉柱, 张韧, 王辉赞, 等. 2012. 全球大洋混合层深度的计算及其时空变化特征分析. 地球物理学报, 55(7): 2249–2258.

陈新军. 2004. 渔业资源与渔场学. 北京: 海洋出版社,

陈奕德, 张韧, 等. 2006. 利用Argo浮标定位信息估算分析赤道太平洋中层流场状况. 海洋预报, 4: 122–126.

郭仕剑, 王宝顺, 等. 2006. MATLAB7.x数字信号处理. 北京: 人民邮电出版社.

何亚文, 杜云艳, 苏振奋. 2009. 基于Web Services的Argo数据应用服务框架与实现. 海洋通报, 28(4): 126–131.

刘忠顺. 数理统计理论、方法、2005. 应用和软件计算.武汉:华中科技大学出版社.

宋利明, 陈新军, 许柳熊. 2004. 大西洋中部黄鳍金枪鱼(Thunnus albacares)的垂直分布与有关环境因子的关系. 海洋与湖沼, 35(1):64–68.

宋翔洲, 林霄沛, 等. 2009. 基于Argo浮标资料的西北太平洋模态水的空间结构及年际变化. 海洋科学进展, 01:1–10.

孙朝辉, 许建平. 2008. 应用Argo资料分析西北太平洋冬、夏季水团(英文). Marine Science Bulletin, 2: 85–86.

孙振宇, 胡建宇, 等. 基于Argo浮标的全球混合层深度(MLD)和障碍层厚度(BLT)准实时数据——用户手册. 厦门, 2009.

王彦磊, 黄兵, 等. 2008. 基于Argo资料的世界大洋温跃层的分布特征. 海洋科学进展, 04: 3634–3637.

杨胜龙, 马军杰, 伍玉梅, 等. 2008. 基于Kriging方法Argo数据重构太平洋温度场研究. 海洋渔业, 01:13–18.

杨胜龙, 张禹, 张衡, 等. 2012. 热带印度洋黄鳍金枪鱼渔场时空分布与温跃层关系. 生态学报, 32(3): 671–679.

张胜茂, 伍玉梅, 等. 2010. Argo观测点数量的空间分布与变化分析. 海洋技术, 29 (3): 108–114.

中国Argo实时资料中心. ARGO简讯: 第28期. http://www.Argo.org.cn.

Akima H. 1970. A new method of interpolation and smooth curve fitting based on local procedures.J Associ Comput Maeh, l7:589–600.

Block B A, Keen J E, Castillo B, et al. 1997. Environmental preferences of yellowfin tuna (Thunnus albacares) at the northern extent of its range. Marine Biology, 130:119–132.

Brill R W, Block B A, Boggs C H,et al. 1999. Horizontal movements and depth distribution of large adult yellowfin tuna (Thunnus albacares) near the Hawaiian Islands,recorded using ultrasonic telemetry: implications for the physiological ecology of pelagic fishes.Mar Bio, 133:395–408.

Dagorn L，Holland K N, Hallier J P，et al. 2006. Deep diving behavior observed in yellowfin tuna (Thunnus albacares). Aquat. Living Res. 19:85–88.

De Boyer Mont6gut C, Madec G, Fischer A S, et al. 2004. Mixed layer depth over the global ocean: An examination of profile data and a profile—based climatology. J. Geophys. Res., 109(12): C12003., doi: 10. 1029/2004JC002378.

De Boyer Mont6gut C, Mignot J, Lazar A, et al. 2007. Control of salinity on the mixed layer depth in the world ocean: 1. General description. J. Geophys. Res., 112: C06011, doi: 10. 1O29/2OO6JCOO3953.

Holland K N, Brill R W, Chang R K C. 1990. Horizontal and vertical movements of yellowfin and bigeye tuna associated with fish aggregating devices. Fish Bull, 88: 493–507.

Ivchenko V O, Danilov S, et al. 2008. Steric height variability in the Northern Atlantic on seasonal and interannual scales.

Josse E, Bach P, Dagorn L. 1998. Simultaneous observations of tuna movements and their prey by sonic tracking and acoustic surveys. Hydrobiologia, 371, 61–69.

Kara A B, Rochford P A, Hurlburt H E. 2003. Mixed layer depth variability over the global ocean. J. Geophys. Res., 108(C3): 3079, doi: 10. 1029/2000JC000736.

Mohri M, Nishida T. 1999. Distribution of bigeye tuna (Thunnus obesus) and its relationship to the environmental conditions in the Indian Ocean based on the Japaneselongline fisheries information. IOTC Proc, 2:221-230.

Mohri M, Nishida T. 2000. Consideration on distribution of adult yellowfin tuna (Thunnus albacares) in the Indian Ocean based on Japanese tuna longline fiseries and survey information.IOTC Proc, 3:276–282.

Mohri M, Takeda Y. 1997. Vertical distribution and optimum temperature of bigeye tuna (Thunnus obesus) in the eastern tropical Indian Ocean based on regular and deep tuna longline catches. Journal of National Fisheries University, 46(1): 13–20.

Pelagic Fisheries Research Program(PFRP). 1999. Newsletter. Oceanography's Role in Bigeye Tuna Aggregation and Vulnerability. 4(3).

Ren L, Riser S C. 2009. Seasonal salt budget in the northeast Pacific Ocean. J. Geophys. Res. 114.

Roemmich D, Gilson J. 2009. The 2004-2008 mean and annual cycle of temperature, salinity, and steric height in the global ocean from the Argo Program. Progress In Oceanography, 82 (2): 81–100.

Schaefer K M, Fuller D W, Block B A. 2007. Movements, behavior,and habitat utilization of yellowfin tuna (Thunnus albacares) inthe northeastern Pacific Ocean, ascertained through archival tag data. Mar Biol, 152: 503–525.

Schaefer K M, Fuller D W, Block B A. 2009. Vertical movements and habitat utilization of skipjack (Katsuwonus pelamis), yellowfin (Thunnus albacares), and bigeye (Thunnus obesus) tunas in the equatorial eastern Pacific Ocean, as ascertained through archival tag data. In: Nielsen J L, Arrizabalaga H, Fragoso N, Hobday A, Lutcavage M, Sibert J (eds) Reviews: methods and technologies in fish biology and fisheries, vol 9, tagging and tracking of marine animals with electronic devices. Springer, Berlin, 121–144.

Schaefer K M, Fuller D W. 2010. Vertical movements, behavior, and habitat of bigeye tuna (Thunnus obesus) in the equatorial eastern Pacific Ocean,ascertained from archival tag data. Mar Biol, 157: 2625–2642.

Song L M, Zhang Y, Xu L X, et al. 2008. Environmental preferences of longlining for yellowfin tuna(Thunnus albacares) in the tropical high seas of the Indian Ocean. Fish. ceanogr, 17: 4,239–253.

Song L M, Zhou J, Zhou Y Q, et al. 2008. Environmental preferences of bigeye tuna, Thunnus obesus, in the Indian Ocean: an application to a longline fishery. Environ Biol Fish, 85: 153–171.

Stoica P, Moses R L. 1997. Introduction to Spectral Analysis, Prentice-Hall.

Von Schuckmann, K, Gaillard F, et al. 2009. Global hydrographic variability patterns during 2003–2008. 114: 17.

Welch P D. 1967. The Use of Fast Fourier Transform for the Estimation of Power Spectra: A Method Based on Time Averaging Over Short, Modified Periodograms. IEEE Trans. Audio Electroacoustics AU-15 (1967): 70–73.